[美]伊莱恩·阿伦（Elaine N. Aron）著

陈红菊 译

令人骄傲的敏感

The Highly
Sensitive
Person's
Workbook

华夏出版社

HUAXIA PUBLISHING HOUSE

图书在版编目（CIP）数据

令人骄傲的敏感 /（美）伊莱恩·阿伦著；陈红菊译 . -- 北京：华夏出版社有限公司，2022.9（2024.9重印）

书名原文：The Highly Sensitive Person's Workbook

ISBN 978-7-5080-7446-7

Ⅰ.①令… Ⅱ.①伊…②陈… Ⅲ.①心理学—通俗读物 Ⅳ.① B84-49

中国版本图书馆 CIP 数据核字（2022）第 057707 号

THE HIGHLY SENSITIVE PERSON'S WORKBOOK By ELAINE N. ARON, PH.D.

Copyright: © 1999 BY ELAINE N. ARON PH.D.

This edition arranged with BETSY AMSTER LITERARY ENTERPRISES through BIG APPLE AGENCY, INC., LABUAN, MALAYSIA.

Simplified Chinese edition copyright: 2022 Huaxia Publishing House Co., Ltd.

All rights reserved.

令人骄傲的敏感

作　　者	［美］伊莱恩·阿伦
译　　者	陈红菊
策划编辑	朱　悦　刘　洋
责任编辑	刘　洋
责任印制	刘　洋
出版发行	华夏出版社有限公司
经　　销	新华书店
印　　刷	三河市少明印务有限公司
装　　订	三河市少明印务有限公司
版　　次	2022 年 9 月北京第 1 版　　2024 年 9 月北京第 2 次印刷
开　　本	880×1230　1/32 开
印　　张	13.25
定　　价	65.00 元

华夏出版社有限公司　　网址：www.hxph.com.cn　电话：（010）64663331（转）

地址：北京市东直门外香河园北里 4 号　邮编：100028

若发现本版图书有印装质量问题，请与我社营销中心联系调换。

"这是一本非常有益的工具书，它以一种集中、有条理且私密的方式让你从各方面发现自己的敏感特质。"

—— E.G.

"伊莱恩·阿伦的这本书帮我秘密验证了自己生活中那些不为人知的方面。每周花几个小时看这本书，有助于我理解并处理多年来一直忽视的问题。阿伦博士对高度敏感者的关切和她的自身性格在本书中得到了充分的展现。这本书最终成为了我的朋友和顾问。"

—— C.J.

"对于细节，你觉得自己比别人更敏感吗？你是否觉得那些微妙的细节在你这里被放大了，而别人却感受不到？你认为自己是唯一有这种感受的人吗？伊莱恩·阿伦在这本书中明确而有力地表达了我们想听到的东西——这世上有很多高度敏感者。此外，我们的这种特质是有益的，是上天赐给我们的礼物。"

—— E.R.

"这本书会帮你认清：敏感是一种天赋。它会帮你治愈那些阻碍你前进的伤痛，并帮你找到这一天赋的源头，从而让你能够自如地运用这一天赋。"

—— J.V.

"本书开头有一个测试，共十二个问题，而我符合其中十一个问题的描述，这就好像来到了一个自己从来不知道的家。其实阿伦博士的新书并不好读，因为很多有关敏感的概念在我们的童年时期就已经深入脑海了，在这里，这些概念都要重新洗牌。但是在这一过程中，我们能从一个全新且更加清晰的视角来审视自己，这让一切付出都值得。"

—— J.G.

"我很少做这类心理自助书中的练习，但这本书的大部分练习我都做了。这些练习帮助我更好地了解自己。尤其是讲亲密关系的那一章，真的改善了我和伴侣的感情——这比去婚姻咨询室便宜多了。"

—— F.W.

"阿伦博士继其开创性作品《天生敏感》(*The Highly Sensitive Person:How to Thrive When the World Overwhelms You*）之后的又一力作。书中的指导很清晰，一步步帮你发掘并欣赏自己独一无二的特质。我很乐意将其推荐给其他高度敏感者。"

—— E.E.

"阿伦博士的这本书双管齐下，她不仅消除了我们对'敏感'的戒心，还向我们提供了可操作的方法。"

—— N.G.

"我父亲称我为'Pikon'，这在菲律宾语中是'特别敏感'的意思，并曾暗示我不正常。我的姐妹们也因此一直取笑我。于是，我也觉得自己有缺陷。一直以来，我努力从书以及各种音频课程中寻找解决办法，希望能以此激励我乐观地面对这件事。但我始终觉得自己有一部分迷失了——那就是阿伦博士在书中提及的东西。"

—— J.S.

《令人骄傲的敏感》是一本自助学习的书，它让我以一种私密的方式从先前对自己的误解中解脱出来。阿伦博士在这本书中简明地阐释了心理疗法，并告诉我们该如何理解并接受自己。现在我把这本书也加入到推荐书单中，并将其作为礼物送给他人。这是《天生敏感》的完美姐妹篇。"

—— E.M.

"以前，我总觉得自己像圆洞里的一个方柱子，格格不入且毫无用处。但读了阿伦博士的这本书之后，我觉得自己是重要的，对他人也是有价值的。书中的任务安全又有趣，指引我们走进自己的内心。"

—— P.P.

目录
Contents

第一章　了解自己的敏感

第十一章 给高度敏感者讨论小组的指导建议

致谢
Acknowledgement

　　非常感谢旧金山地区"舒适区域"专栏的订阅者，他们以个人或集体的方式志愿审阅了这本书。即便我需要他们尽快反馈，他们仍然非常仔细地阅读。因此，他们的反馈在很大程度上提高了本书的品质。

　　我的代理人贝琪·阿姆斯特和编辑翠西·比哈尔非常睿智，而且善解人意，对我这个高度敏感者特别友好。我与他们合作非常愉快。

　　在此，我要阐明一点，艾琳·佩蒂特博士是最先说出"高度敏感"这个词的。没有她，这本书的内容不会像现在这么好。

　　最后，我还要感谢我的丈夫阿特·阿伦，希望他永远这么支持我。他精力充沛、乐观向上、安静平和，所有这些品质都是对我性格的补充。他用他的智慧很好地完善了我对高度敏感这一特质的论证。

前言
Preface

"你敏感过头了。""你这个人就是太敏感了。""你真是超级敏感啊。"

类似的说法还有：

"这就累了吗？"

"你不会是害怕了吧？"

"你怎么了？害羞了？""觉得没意思？""感觉不自信？"

所有这些问题都指向同一个主题："你出什么问题了？"

听着很熟悉吧？如果你和我一样，那你肯定常常从父母、老师以及朋友那里听到这些，频繁到自己都开始认同他们的话——"我确实有问题。"因为知道无法改变，你渐渐觉得自己有隐藏的致命缺陷，开始认为自己的人生就是在不断地向那个缺陷妥协，甚至觉得自己生来就是在失败中挣扎。

这本书传达的一个非常核心的信息就是：高度敏感没有错。敏感不是缺点。本书第13页有一个自我测试，如果你对其中12个以上（含12）的问题做了肯定回答，那说明你确实有着高度敏感的神经系统——拥有一个敏感的神经系统可以帮你注意到环境中的那些细微的东西，这一特质在很多场合都很可贵。

没错，如果你有敏感的神经系统，这也意味着你很容易被强烈的刺激压垮。没办法，任何事物都有两面性。不过，高度敏感不是"病"，也不是什么人格缺陷。

大约 15% ~ 20% 的人会遗传这种接受能力强且高度敏感的神经系统，并且其他物种在这方面的遗传比例也相差无几。男性和女性遗传这种特质的几率相同（尽管敏感的男性在我们的文化中生存尤其不易），而且各种族高度敏感人群的行为特征并无差异。

因此，拥有敏感神经系统的人并没有错，这既不是缺陷，也不是基因问题。这种特质的存在必有其目的——例如，在一个集体中，如果有人能注意到别人注意不到的问题，那不是很好吗？然而，要实现这一目的，你要做一些重要而且能让你精神焕发的事情。你必须要一点一点地消除那些曾伤害过你的批评对你的影响。因为那些批评实际上针对的是那些其实对你有益的本性。这本书——基于我多年来与数百名高度敏感者（或称 HSPs，Highly Sensitive Persons 的缩写）交流得来的经验，经过了五十多名高度敏感者的检验，致力于将你从上述伤害中解放出来，并发展你的敏感潜质。

当然了，也许你觉得自己高度敏感，但却从未因这种敏感而受到任何指责。或者，你认为自己已经大致了解了我的观点——高度敏感是一个正面特质。或者，你既不羞怯也不缺乏自信，所以你认为本书与你无关。不过，请听我一言，再读一会。你会发现，高度敏感并不等于羞怯，甚至内向——事实上，30% 的高度敏感者都很外向。也许你并没有意识到自己有何缺陷，但考虑到我们的社会文化，你确实会在无形中做一个假设：我不得不隐藏自己真实的个性。大部分高度敏感者称，自己需要数月甚至数年时间的努力，才能意识到自己有许多负面的、错误的想法，然后慢慢将其消除——不管是通过有意识的，还是无意识的方式。这本书的目的就是要在这个自我觉知的过程中给你提供帮助。

敏感究竟是什么意思

高度敏感者一出生就带着一种特质，这种特质能帮他们捕捉到内在和外在的各种细节。这种特质不是指我们的眼神更锋利，听力更佳，而是指一种可以更深入地处理所接收到的信息的能力。我们习惯深度思考，而这种敏感在很多情况下都能表现出优势。研究表明，高度敏感者往往直觉更敏锐，感受力更强，也更认真。（我们总是关注结果，比如"我要是没完成这项工作怎么办？""如果每个人都打破了这个规则呢？"）我们能感知到婴儿的需求，能与动物友好相处，对待植物耐心细致……还有很多其他场合，高度敏感特质都能帮助我们注意到更多细节。我们擅长细节性的工作，也擅长发现问题，我们还是有远见的人，对历史作品和未来可能发生的结果，我们总有着不同于他人的见解。我们谈论丰富且复杂的内心世界和非同寻常的梦想，关注社会正义，有精神上或者哲学上的天赋。

如果我们想发现更多、更细节的事情，那么随之而来的问题是，我们也更容易因那些显著或者强烈的刺激而感到崩溃或不知所措，比如噪音、视觉混乱、让人皮肤发痒的衣服、有点腐烂的食物、极端的天气、各种突如其来的变故、唤起情感共鸣的场景、拥挤的人群、陌生人，等等。

如果我们更深入地处理信息，那我们会更多地思考"批评、拒绝、背叛、失去和死亡"的意义。还有一些有关高度敏感的显著特征：我们更易有敏感体质，对疼痛、药物、咖啡因和酒精更敏感。饥饿也常常来干扰我们，所以我们需要规律饮食。不过，所有的这些都不是弱点——只是与他人不同而已。

简而言之，敏感在很多情况下，都是一种优势，但这一优势不适用于所有情况。这是一个中性的正常特质，很多人遗传了这一特质，但就像人类有不同颜色的眼睛一样，拥有这一特质的人也并非大多数。

你为什么需要这本书

刚开始研究高度敏感这个问题时，我并没有打算写成书。我过去是一名临床心理学家，同时做一些相关的心理研究，因为觉得自己跟别人有些不同而开始研究一些与个人相关的东西。但是高度敏感者很快让我相信，他们也需要对自身有一个基本的了解。当地报纸刊载了我的研究后，这些高度敏感者竟然像发现了救命稻草般激动，他们开始鼓励我发表一些与高度敏感者相关的内容。数百名高度敏感者找到我，他们先是坚持让我做个讲座，之后希望我能开一门相关课程，再然后就希望我能写一本书。于是就有了《天生敏感》这本书。

一开始，这本书几乎找不到出版商，但是现在已经销售了10万册，再版13次。这期间几乎没有任何官方媒体的新闻报道，只是靠这些高度敏感者的口口相传。直到现在，仍有很多高度敏感者说，这本书改变了他们的生活。这是一种道德呼吁，任何科学家都无法拒绝。

我本以为这是第一本书，也会是最后一本书，然而并不是。大家读了这本书之后想要获取更多——课程、咨询、互助小组以及其他能够帮助其吸收书中观点的方式。就像一位高度敏感者所说的，"这几乎让我们重塑自我"。

这就需要更多有用的资料，因为你并不会在读完某一本书后就彻底改变自己的观点。不过，因为我只有一个人，还是一个高度敏感者，我没办法一直在外授课和演讲。因此，我试图在书中克隆一个我——包含我在课程、个人咨询或者互助小组中讲述的那些信息，这本书能为任何一位高度敏感者提供随时随地的帮助。

根据我与多名高度敏感者交流所得的经验，我整理出了以下内容：

- **关于高度敏感这一特质的基本知识。**《天生敏感》这本书深入讲解了高度敏感这一特质，这本书也一样。这两本书形式不同但价值相同，后者甚至更强调了对这一特质的自我探索，详见第一、二章。

- **在自我保护方面给你帮助。**高度敏感者有着与常人不同的神经系统，如果我们用跟常人相同的准则生活，长此以往，这势必会引发各种疾病，就如我们现在很多人经历的那样。然而，如果我们过度保护自己而使优势得不到展现，这也会引起压力和疾病。第三章着重阐述了高度敏感者的自我保护。

- **帮你重塑人生**。对敏感的人来说，反复思考人生经历过的事，尤其是那些失败的事，在某种程度上是件自然而然的事情，但是高度敏感者会发现，有系统且有意识地重新思考那些事会对他们更有用。很显然，本书的目的就是根据你的特质来帮你重塑人生，但这需要一步一步慢慢改变你生活中的每个方面。第一、二、四、五、六、七、九章会告诉你怎么做。

- **帮你治愈过去的创伤**。有研究表明，高度敏感者如果生活在一个正常的、压力不大的环境中，往往会比常人更健康。但我们如果在孩童时期生活并不幸福，或者在生活中有过特殊的创伤，那便会比常人更加焦虑，也更容易沮丧。当然，这些中的大部分创伤都是可以被治愈的。为了我们的身体健康和生活幸福，我们也应该治愈它们，但这需要我们有意识地努力。第八章会对这个治愈过程有所帮助，同时鼓励大家在本书之外也继续自我疗愈。

- **帮你将这一特质与具体生活结合起来**。因为高度敏感者有着与常人不同的神经系统，这会影响你做的每一件事。因此，这本书会教你在生活的各个方面如何与敏感相处——你的社交生活（第五章），你的亲密关系（第七章），你的职业与办公室相处之道（第六章），你与医护人员的关系（第九章），当然，还有你的内心和精神世界（第十章）。

如何利用这本书

没读过《天生敏感》并不妨碍你读这本书，不过你也可以在读另一本的时候浏览这本书（两本书的章节是相匹配的），或者在读完另一本之后顺便翻翻这本。

你可以只读每章前面的内容而不做后面的任务。当然你如果愿意，也可以做完全部小任务，依次或者乱序做都没问题；或者只做你感兴趣的那几个，顺序也无所谓。

然而，我的建议是，不论你如何读这本书，你都要全身心地投入。试着倾听你内在的声音，它可能会说，"你需要这本书"，也可能会在你读了一部分之后说，"我不想读这本书"。找出这些情况出现的原因，尤其在你想跳过书中的某些部分时。所以阅读本书的重点不在于你是否完成书中的任务，而在于读的过程中你是否能感知到"为什么"。

本书会运用到深层心理学的相关知识，写这本书的我也在这方面做了多年研究，积累了较为丰富的经验。对我来说，深层心理学的目标是帮助你重视那些被你忽略、故意无视甚至轻视的部分。你的过去和你所处的文化环境告诉你，有些东西还是忽略或者忘记最好，而深层心理学则是要帮你找回那些你曾忘记的东西。我们努力找回它们，重视它们，倾听它们。这会让你释放出那些曾被压抑的能量，更重要的是，释放那些曾被丢弃的宝贵的东西。一个人生活中最需要的恰是找回童年时丢弃的品质——也许是女性的阳刚气概，抑或是男性如女性般细腻的情感。当然，这只是两个非常极端的例子。

直到现在，对我们很多人来说，最常被我们忽略或者压抑的特质仍然是敏感。对一些人来说，在某种程度上，敏感仍然是"令人羞愧或厌恶"的代名词。因此我认为，深度分析能让敏感这一特质再次成为你生活中的重要部分。

这种深度分析是有益的，但也很难。这也是为什么我称书中的一部分内容为"任务"，而不是"活动"或者"练习"。因为完成"任务"往往需要一点个人英雄主义。一位曾参与本书测试的志愿者在她的评估报告中写到："18 个月前我读了《天生敏感》这本书，当时那本书对我影响确实很大，我甚至曾故意远离它。"这位女士在经过六个月的心理治疗后，可以更深入地回想自己的童年，她说她觉得"在为这本书做测试的时候，已经感到很轻松，甚至很有趣！但她还是会惊讶于这本书所带来的影响"。她觉得要回忆过去并完成书中的某些任务是需要强大的意志力的，"一年多以前我根本不敢想象自己可以做到"。

不是每位测试者都有如此强烈的感受，但是即便你觉得本书只是为了娱乐，那取悦的也是你自己的内心。在读本书的时候，你可以略过那些对你来说很沉重的内容，但是一定要问问自己为什么要略过，比如"这伤害到我了""吓到我了"，或者其他任何感受。

本书中还有很多地方需要你动笔。一位为本书做过测试的志愿者说，每位读者最好准备一本日记，来记录自己在完成书中任务时的表现。你可能愿意这么做，但也可能并不习惯写日记或进行那种意识流的写作。不过我需要让你知道的是，你写的日记或者随手写的任何文字都不会被评价，也不会被发表，你可以放心大胆地写，没有人会偷看或者为你的写作打分。如果你的内在声音不允许你这么做，你也不要担心，本书第8页会很快帮你解决这个麻烦。

写日记的秘诀在于，下笔之前要先花时间感受。下面是一位参与测试的志愿者的经历：

> 我注意到自己在做任务时总是想要一个"正确""有趣"，或者"得体"的答案。我只有克服这种倾向，才能真正体会到自己的感受。不过那些感受往往不是愉悦的：心理防御、羞愧、生气、愤怒。我需要很长时间才能平静下来，并找回自己原本的风度，然后才能正常思考，从而给自己一个有益的结果。

这位志愿者还说，有时"非线性"写作甚至是下笔前内心的语言酝酿也很重要：

> 以我的经验看，最好是完整地读一到两次相关内容，让这些东西在内心"酝酿"，然后"爆发"，想到什么的时候就回到任务中去。以线性的方式来做任务虽然不是不可能，但真的很难。有的时候，我只是有强烈的感受，脑海中却既无文字也无画面来描述这种感受。

因此，接受那些"内心酝酿"或者非语言的思考才是深入了解自我所需要的。这位志愿者的经验是非常值得参考的——允许自己花时间观察那些已经发生的现象。

每个任务的最后都有一个"总结"环节，这个环节是希望你能反思并总结这个任务所给你带来的影响，或者你希望如何运用这个任务。这也许看起来有些多余，但是这部分会在你日后重读这本书时给你一个精彩的总结。所以，请抓住这个机会去反思，在现在这个快节奏的社会里，这既非常珍贵，也是高度敏感者的一个特殊之处。

当然，你如果喜欢这本书，但是觉得写字很费劲，千万不要把这当成障碍，因为你完全可以用电子文档。

最后，也是最重要的一点，如果你在做书中的任务时感到非常痛苦，一定要停下来，去找专业的医生帮助你。这一点在本书第八章会提到。

本书一大特色——与其他高度敏感者协作

高度敏感者需要了解彼此。很多高度敏感者都感受到这一点，并且提出要建立互助小组，开设相关课程，或者其他能认识更多高度敏感者的机会。本书的第十一章专门满足了大家的这个需求。第十一章会教大家如何为高度敏感者组织并管理一个为期六周的无领导讨论小组。这个小组一旦开始也可以根据小组的需要一直延续下去，大家可以讨论自己的经历，也可以集体讨论书中设定的任务。第十一章为小组开始时最关键的六周提供了一个周到详尽且经过测试的组织结构。

当然，你也可以组织一个小组来完成书中的任务，但不必遵循六周计划，不过我个人还是建议，你如果要这么做的话，最好聘用一个专业团队，至少它能帮你顺利开始。

同时，我还鼓励你们找另一个高度敏感者一起来读这本书——这个人可以是你的朋友，也可以是你的配偶，只要他是高度敏感者。或许，你还可以通过组织一个高度敏感者小组来找到这样一个人，或者在你的朋友中找到这样一个伙伴。

与他人一起读本书会遇到的唯一问题是，有些任务太过私密，不便与不熟悉的人交流。因此，我为每一个任务都设定了等级。在双方或者小组成员彼此不太熟悉的情况下可以讨论的任务，称之为 A 级；可以与刚刚熟识的人讨论的任务为 B 级；那些只能与非常熟悉的人讨论的任务为 C 级。有些任务只能是 C 级；有些则可以是 B 级，也可以是 C 级，但不能是 A 级；而有些则是三者皆可。所以：

- A 级任务是在双方认识不久，或者小组成立不久时，最适合讨论的任务；

- B 级任务是在刚刚建立良好关系的情况下可以讨论的任务。但在这种关系下，你可能还没有足够的安全感，或者还未做好准备将自己的全部经历向对方和盘托出。书中有很多任务都可以在这种情况下讨论。

- C 级任务则适合关系成熟人员间的讨论。在这种关系下，双方或者一个小组已能将问题完成得很好（即大家互相倾听，互相帮助），不会因假设、竞争、妒忌等问题生出不信任或者误解而被干扰。

致不太敏感的人

可能你不是高度敏感者，但你身边却有这样的人，他可能是你的伙伴、朋友或者家人。你因为他们开始读这本书，或者将这本书送给你身边的那些高度敏感者。从我收到的高度敏感者的信来看，这本书恰将成为你身边的高度敏感者的礼物，让他们不再自我怀疑，转而为此感到自信和骄傲。通过把这本书赠送给他人，或者自己阅读，你们双方都能对这段关系理解得更深刻（不是同情对方或者让你对他人更善良，而是以一种更有效的方式理解和接受彼此）。这对你来说也是一份礼物。

题　献

作者们总是会在书前题词，把书献给某人。不过我希望这本书由你们自己来写，你想献给——也许是你非常倾慕的一位高度敏感者，也许是你自己。

谨以此书献给：

_____

_____

_____

自我测试[1]：你是高度敏感者吗？

请根据你的真实感受回答以下问题。如果问题比较符合你的感受，请选择"是"；如果不太符合，或者完全不符合，请选择"否"。

是　　否　　我很注意周围环境中的细节。

是　　否　　别人的情绪很容易影响我。

是　　否　　我对于疼痛非常敏感。

是　　否　　一忙起来我就想躲开人群，躲回床上去，躲进黑暗的房间里，或者躲到任何我能够保留隐私、缓解刺激的地方。

是　　否　　我对咖啡因很敏感。

是　　否　　刺眼的灯光、浓烈的气味、粗糙的面料以及近在耳边的警报声，这些东西很容易令我崩溃。

是　　否　　我的内心世界丰富多彩、相当复杂。

是　　否　　刺耳的噪声会令我感觉不舒服。

是　　否　　音乐或美术作品会深深地打动我。

是　　否　　我是个认真负责的人。

是　　否　　我很容易受到惊吓。

是　　否　　如果我需要在短时间内完成很多事情，我会感到惊慌失措。

1　本测试出自伊莱恩·阿伦的《天生敏感》。版权 ©1996 作者伊莱恩·阿伦。

是	否	如果周围的环境令人感到不舒服，我很清楚怎样能使环境更舒适（如改变灯光或者座位）。
是	否	如果人们一下子要求我做很多事情，我会很烦躁。
是	否	我竭力避免犯错或忘事。
是	否	我不看有暴力内容的影视节目。
是	否	如果身边有太多的事情正在发生，我会心烦意乱。
是	否	生活中的变动会令我忐忑不安。
是	否	饥饿会对我产生明显影响，无法集中注意力，情绪也变得相当不稳定。
是	否	我会注意到并尽情欣赏精致优雅的香味、味道、声音及艺术品。
是	否	事先安排好我的生活是至关重要的，这样才能避免令人不知所措的混乱状况。
是	否	如果我做事时必须和别人竞争，或者受到别人的关注，我就会心情紧张，发挥不稳定，表现比平时差得多。
是	否	小时候，父母、老师似乎都觉得我敏感、害羞。

给自己打分

在这些问题中，如果你有 12 个或以上选择了"是"，那毫无疑问，你是一位高度敏感者。

不过坦白说，没有哪个心理测试是精准的，所以不必完全依赖这个结果。如果你只选择了一两个"是"，但这一两个"是"却是非常地确定，那么你也很有可能是位高度敏感者。

第一章

了解自己的敏感

完成本章任务，你会更熟悉自己的敏感，也会掌握一些高度敏感者所需要的基本技能，比如，如何大声说话来对抗自己的敏感，如何知道你在自己的世界中所扮演的角色。不过要知道这些，你还需要更多地了解自己的这一特质，所以你的首要任务是，读完这一章并且消化其中的内容。

如果这是正常的，为何我有时觉得自己与他人不同呢

下面的五个方面对高度敏感者来说非常重要，需要高度敏感者理解并记住：

1. **过度刺激往往意味着过度兴奋。**每一个人，不论其敏感与否，都会因过度刺激而变得过度兴奋。你在过度兴奋时整个人都会感到茫然、焦虑、身体无法运转和不协调、全身紧张且大脑疲惫。你也许会心跳加速、胃部不适、双手颤抖、呼吸短促，或者因心情激动而脸色潮红，或者因失望而双手冰凉。

2. **保持适度兴奋很重要。**几乎所有人，无论是不是高度敏感者，都会在过度兴奋时表现更坏，感觉也更糟糕。过度兴奋的人往往抓不住事情的重点，说话毫无章法，更别说享受发生在身边的事情。当然，大家也不会喜欢过度低落，那会很无聊，而且你的表现也会与过度兴奋时的表现相差无几。从出生起人们就追求一个理想的兴奋状态，这种追求热烈而无休止，就像寻找空气、食物和水一样，常常是无意识的行为。大家以接收到的刺激程度或者给大脑输入的内容量为标准来评定兴奋状态。

3. 高度敏感者更易过度兴奋。在前言部分，我已经对"高度敏感"这一特质做出定义，即对外界刺激有更深刻的感知，因而更能察觉到细微之处。在一个高度刺激的环境中，如果我们高度敏感者能感知到他人无法注意到的刺激源，那也就是说，与非高度敏感者相比，我们可能会接收到更多信息，也就更易过度兴奋。而一旦情绪过度兴奋，我们与其他过度兴奋的人便别无二致了——表现更糟，感觉更坏。我们甚至"一定"会在上级看着我们的时候把工作搞砸，在第一场约会的开场说些愚蠢的话。这些刺激的"设置"也许会让一些平时看起来波澜不惊的非高度敏感者的情绪达到正常的兴奋水平，但我们高度敏感者则很容易兴奋过头，一不小心就超过了正常的兴奋状态。

由于我们更易过度兴奋，于是我们比旁人有更多的机会体验压力下的"失败"，或者无法享受那些"预期"的快乐。这也就难怪我们开始变得不自信、不够"有趣"、对批评很敏感或者羞怯（第五章着重讨论了高度敏感者羞怯的缘起）。

不过有一点很重要。尽管我们自己以及我们身边的人都欣赏这种随敏感而来的宝贵品质——比旁人更敏锐、更富有同情心、更具创造力、更有灵性，等等，但我们也必须接受那些无法避免的缺点，那就是更容易崩溃。没办法，捆绑销售。

4. 敏感不是我们文化所需的理想特质。正在看这本书的人之中，大部分人恰好生活在竞争激烈、技术发达、媒体 – 消费者导向型的文化中，而这种文化所带来的价值观在全球颇具影响力。现在，对我们来说，拥有处理高强度刺激的能力，远比获得细节感知能力更重要。

有的文化推崇"敏感"这一特质。就拿中国来说，有研究表明，在中国的小学生群体中，"敏感而安静"的孩子往往最受同龄人的尊重和喜欢，而在加拿大则恰恰相反。农耕时期的中国、日本、欧洲以及大部分生活在陆地上的国家都很需要对周围环境敏感的人，比如猎人、草药师和萨满巫医。而那些非常具有侵略性、扩张性且承受压力较大的国家，或者有很多外来移民的国家，则不需要国民反应那么敏锐，不屈不挠，甚至勇于冒险，这样才能让其长时间地工作、持续参加战争，等等。

5. 在恶劣的家庭环境中长大的高度敏感者更易受到影响。经过一番研究我发现，在童年时期经历过精神创伤或者家庭不幸福的高度敏感者，与成长环境相对简单的高度敏感者相比，会更容易产生沮丧、焦虑和紧张的情绪，也会比那些有着相似经历的非高度敏感者更痛苦。这也是为什么高度敏感者常常觉得自己与他人不同的原因——他们始终陷在那些事情或者环境中不能自拔，而一般人早就让那些事情随风而去了。由于童年时期不幸福的经历会让高度敏感者在成年后更加痛苦，所以"敏感"这一特质便会渐渐与"焦虑"和"沮丧"结合在一起。不过成长环境简单的高度敏感者在心理上的痛苦并不会比常人多——有时甚至更少。（记住，这一点很重要。）沮丧和焦虑并不是高度敏感者的必备特质，而且这是可以被治愈的。虽然治愈工作不是本书的主要内容，但是第八章还是会为你的治愈过程提供一些帮助。

不同文化背景下的人对敏感的态度

我们的文明比它所知道的更需要我们，所以不论是从社会角度还是个人角度，你都会有更强的使命感。我们用一些历史知识来说明原因。好战扩张型的文明（这类文明往往不太喜欢敏感的人）大约出现在五千年前的欧洲和亚洲。那时游牧民族在欧亚大陆草原地区，后来他们占领了更倾向和平的民族的领地，然后在欧洲、中东以及印度定居下来。这些入侵者说的便是印欧语系，后来的希腊语、拉丁语、英语、德语、法语、西班牙语、北印度语以及其他很多语言都是从印欧语系发展而来的。他们将自己的文化带入北美和南美，这种文化就像语言一样，最终会主宰全球的大部分地区。

还有一类入侵跟前述极为相似，即游牧民族向东入侵中国（长城便是为了抵御入侵而建的）和日本。希腊人和罗马人的祖先也是自命不凡的游牧民族。再后来便有了一股游牧"野蛮人"的入侵浪潮，匈奴人和蒙古人就摧毁了先前建立起的帝国。

游牧民族的发展哲学是，牧人越多越好，于是需要的土地也越来越多，这就需要通过攻打其他部落俘虏更多的女人（他们将俘虏来的男人和孩子都杀掉），让这些女人为他们生孩子；然后抓更多的牧人，侵占更多的土地，俘虏更多女人来生孩子……以此循环往复。这些游牧民族占领了发展繁荣而未设防的城市土地，并将城市里的人拿去交易，或者将他们变成奴隶或士兵，将城镇变成堡垒，建立起一个帝国社会。而今天我们的社会准则是：进攻是最好的防御，胜利的一方需要扩张经济。是不是听着有些熟悉呢？

印欧语系的语言和文明几乎侵占了世界的绝大部分地区。像美国和澳大利亚的土著居民这样爱好和平的民族迟早会被那些好战的民族当成早餐吃掉。不过，并非所有这些"古老的文明"都是原始的。在欧洲、中东、印度以及北美和南美的部分地区，这些早期的社会结构已经形成大城市，城市里有河流、冶金业，还开始发展书面语。不过至少在欧洲、中东以及印度的大部分城市，都没有国王和奴隶，也没有城堡和防御工事。国家之间没有战争，人民之间也没有特别明显的阶级划分。政府的工作很简单：在物质丰富时期，将食物集中放在寺庙；在物质艰难时期，实行分配制度。除了对商业活动的监管外，这种统治方式在某种程度上更像是中央集权。

在印欧语系孕育下的文明中，不管你属于哪个种族，都会对道德因素有所重视。在好战文化里往往有两个统治阶级：勇士国王和道德参谋（在《天生敏感》一书中我称他们为"王室参谋"）。

那么谁是勇士国王呢？自然是那些想要征服一切的人——那些即刻开战的人。在今天的商业社会中，他们就是那些想要扩张市场、削减成本、使用杀虫剂、砍伐树木的人。道德参谋会对这一切喊停，他们会指出人们需要考虑的长期影响。他们这样做往往是基于自己的身份，比如顾问、教师、律师、法官、艺术家、历史学家等。有时他们中的某些人也会通过社会或者个人力量来实现自己的目的，比如心理医生或者宗教权威的人。

尽管高度敏感者遍布各行各业、各阶层，但是显然，哪里需要"道德参谋"，我们高度敏感者就习惯性地去哪里。我们的大脑天生就喜欢反思。以前我们就是理想的女教师、男教师、家庭医生、护士、法官、律师、总统（想想亚伯拉罕·林肯）、艺术家、科学家、传教士、牧师以及朴素勤勉的普通民众。

然而现在，我们高度敏感者几乎在所有传统行业中都面临困境。为了提高全球经济竞争力，科技不断进步，人力成本不断降低，那些可以在压力下长时间工作的人比不能在重压下工作的人更具价值。可是，一个好战的政府如果没有敏锐的参谋来缓解他们的攻击性，这个政府会很容易陷入麻烦。高度敏感者的很多品质都是公司和政府所需要的，只是我们要给勇士国王时间去了解。

我们需要"我们是我们，他们是他们"的态度吗？不能说永远需要，但有时确实需要。为你自己的这种特质感到骄傲，哪怕只是一时的，也可以以此来缓解过去因为敏感而产生的自卑感。从现在开始你要这么想，"我只是在做自己，他们会适应的"。我们本来就处于社会的中心，处于对社会有影响力的位置，现在世界需要我们回到那个位置去。为此，我们要肯定自己的价值，这也有利于让别人肯定我们的价值。

总之，你在读这本书的过程中，一定要记得你不只是在帮助自己，而是和我们一起，慢慢修复我们与世界主导文化之间的基本平衡。

现在准备好做第一个任务了吗？

保护高度敏感特质要大声说出来

在生活中，你总能听到有人批评你天生高度敏感的性格，这个任务的目的是帮你找到一个现成的答案，来回应那些批评你的人。不管是对你个人还是对所有的高度敏感者来说，回应那些批评都很重要。那些外在的批评会让高度敏感者的内心出现一个批评家，只有回应那些批评才能让内心的批评家做出改变。

1. **想一想人们曾针对你的敏感说过或暗示过的话，而现在你知道那是你成长经历中的一个错误标签。**在后面空白处写下这些"错误标签"，三到五个即可。如果需要，可以想一想当时的具体情景。

或许会有些很典型的话或者场景，比如在你想要反驳主管对你的批评时，对方会说："别这么敏感嘛！"你经历了一个所谓的"常规"检查后哭了，你的医生会说："你这是怎么了？"你不想与陌生人见面时，你的朋友会说："别这么害羞啊。"而有人想让你跟他们一起看你认为太过暴力的电影时，他们会说，"你为什么不能好好享受呢？""你在怕什么呢？""这不会伤害你的！"等。

他们还会通过一些细微的表现来暗示你有些神经质、很奇怪、过度害怕、易受冒犯、过度敏感或者行为不正常。你听到的这些都可以写在"错误标签"这一栏。

2. **在"我的回应"一栏，写下你准备如何回应这些错误标签。**一定要时刻记得，我们高度敏感者群体有多少人（占到人口的15% ~ 20%），我们的宝贵之处（感知细节、深度处理信息的能力，做事尽职尽责），我们的重要性（可以平衡勇士型国家），以及我们与众不同的处事原则（行动之前深思熟虑，见第49页），等等。在这里用完整的句子写下你实际能感受到的高度敏感的宝贵之处。

例如，你可以有很多种方式来回答"你太敏感了"这句话，但是如果是牙医或者医生带着批评的口吻跟我说话，我可能会说，

"我知道我的敏感可能会给你造成不便，但这就是我的性格——世界上有 20% 的人生来就有着更敏感的神经系统，我很高兴自己是其中一员。"然后我会建议医生，如果我情绪稳定，并且受到鼓励的话，检查可能会更容易成功。否则，我要申请转诊到可以与高度敏感者良好相处的医生那里。

如果我就工作中受到的批评做出解释，而有人对我说："你太敏感了。"我会说："这给你造成困扰了吗？"我会试着找出对方对我的真正意见，但有时我也会说："我知道我总是对外界信息想得更多，这也就意味着我会严肃认真地对待别人对我的批评——可能比大部分人都要认真。但这是我敏感的一部分，也……"然后我会给对方列举一个我的敏感给工作带来的益处。

当然，说些俏皮话也很好，比如，"也许对你来说我太敏感了，但是我觉得还好，我很喜欢我的敏感"。或者说，"'太'的标准是什么呀？"再或者，"很有趣啊，我认识的大部分人都很喜欢我的敏感"。

3. 在"我对自己说过这样的话吗？"一栏，记录你因敏感而责怪自己的次数和场景——请保证你以后一定会对内在的声音做出同样的回应，就像你之前排练过的对他人说的那些话。

错误标签 1:＿＿＿＿＿＿＿＿＿＿＿＿＿＿＿＿＿＿＿

我的回应：＿＿＿＿＿＿＿＿＿＿＿＿＿＿＿＿＿＿

＿＿＿＿＿＿＿＿＿＿＿＿＿＿＿＿＿＿＿＿＿＿＿

我对自己说过这样的话吗？

＿＿＿＿＿＿＿＿＿＿＿＿＿＿＿＿＿＿＿＿＿＿＿

错误标签 2:＿＿＿＿＿＿＿＿＿＿＿＿＿＿＿＿＿＿＿＿＿

我的回应:＿＿＿＿＿＿＿＿＿＿＿＿＿＿＿＿＿＿＿＿

＿＿＿＿＿＿＿＿＿＿＿＿＿＿＿＿＿＿＿＿＿＿＿＿＿＿

我对自己说过这样的话吗?

＿＿＿＿＿＿＿＿＿＿＿＿＿＿＿＿＿＿＿＿＿＿＿＿＿＿

错误标签 3:＿＿＿＿＿＿＿＿＿＿＿＿＿＿＿＿＿＿＿＿＿

我的回应:＿＿＿＿＿＿＿＿＿＿＿＿＿＿＿＿＿＿＿＿

＿＿＿＿＿＿＿＿＿＿＿＿＿＿＿＿＿＿＿＿＿＿＿＿＿＿

我对自己说过这样的话吗?

＿＿＿＿＿＿＿＿＿＿＿＿＿＿＿＿＿＿＿＿＿＿＿＿＿＿

错误标签 4:＿＿＿＿＿＿＿＿＿＿＿＿＿＿＿＿＿＿＿＿＿

我的回应:＿＿＿＿＿＿＿＿＿＿＿＿＿＿＿＿＿＿＿＿

＿＿＿＿＿＿＿＿＿＿＿＿＿＿＿＿＿＿＿＿＿＿＿＿＿＿

我对自己说过这样的话吗?

＿＿＿＿＿＿＿＿＿＿＿＿＿＿＿＿＿＿＿＿＿＿＿＿＿＿

错误标签 5:＿＿＿＿＿＿＿＿＿＿＿＿＿＿＿＿＿＿＿＿＿

我的回应：_____

_____

_____

我对自己说过这样的话吗？

_____

_____

任务等级： A 级、B 级或者 C 级。这是一个优质的必做任务。你需要用头脑风暴来让自己更具创造力，同时从中得到乐趣。小组成员可以将错误标签写在一起，然后集体解决，或者让组内成员逐一用其他成员贡献的方法来解决让自己"无法忍受的事"。记得做笔记！

小结： 仔细回顾你在这次任务中学到的内容。你可能会在一两周后重新翻看这里的记录，来记下自己是如何在实际生活中提升对"敏感"这一特质的尊重的。由于这是你的第一次"小结"，我给大家提供一个例子：

> 我知道自己曾经试图承认某些"错误标签"，也曾努力摆脱自己的敏感。所以现在让我推翻自己曾以为是正确的且对自己有益（尽管那让我很痛苦）的批评，这种感觉很新奇。但是我喜欢这种感觉。

_____

_____

_____

感知自己

这一任务旨在让你意识到自己可以感知自己的身体。这一理论的基础来自尤金·简德林和贝蒂·温克勒·基恩的理论（详情请参阅参考文献，见第 385 页）。当然，"感官觉察"曾是 60 年代人本主义心理学的重要内容，现在对很多心理医生来说，它仍然很重要——跟说话一样重要。比如，荣格心理分析学家马里恩·伍德曼曾说，没有哪种洞察力能真正融入我们的生活，除非我们的身体能感知一二。

我无法一次就教会你"感官觉察"或者身体感知的方法。事实上，这是一个碎片化的过程，你不断感受到"失去"它，然后用另一个自己将其"再次找回"。这和心理疗法一样，是一个漫长的过程，但是这对高度敏感者来说确实非常重要。

也许很多过度刺激、压力、恐惧和创伤，为我们高度敏感者带来的影响比常人的更大。那么这些影响都去了哪里呢？自然是我们的身体——我们的器官、人体组织以及大脑。有时，我们非常敏感，不得不切断那些过度刺激带给我们的感受，以避免情绪崩溃，不知所措。如果他人是让我们不知所措的原因，我们可能会用自己的敏感去感知对方想要的，希望能满足对方，而不是将精力集中于我们所需要的事情上。其实，我们在婴儿以及孩童时期的成长也很大程度上依赖于自己对他人需求的感知。后来，这种努力取悦或满足他人的习惯便一直存在，影响着我们的工作和其他发展。

所以在上面的那些情况下，我们不得不学会忽略身体发来的

"不"的信号，从而让我们对自身失去了感知。那么忽略那些信号会带来什么结果呢？头痛、背痛、胃痛，还有心痛。

人体是一个能够自我纠正、自我治愈的有机体。我们只需要设置恰当的条件，在休息的时候，有那么一会将注意力放在自己身上，而不是一直关注他人；注意自身发生的事情，感受头痛、背痛或者任何其他不适。

如果你未曾试过以某种方式集中注意力，或者感知自己的话，现在，请尝试一下。如果你是一个人做下面这项任务的话，请将下面的说明读给自己听。条件允许的话可以在读的时候录音，这样你在做任务的时候就可以听着录音来指导自己。

1. 确保自己在一个小时之内不会被打扰（虽然这项任务用不了这么长时间）。关掉手机，换上舒适的衣服，脱掉鞋子，躺在地板上。期间不要听任何音乐或者其他声音。

2. 集中注意力感知自己。在这个过程中你可能会想闭上眼睛，将注意力集中到你的身体上，感受一切可以感受到的（这种感受可能来自你的耳朵、鼻子、皮肤、肌肉、腹部，又或者是你的大脑、喉咙、心脏带来的感受）总之，你的感受可以来自任何部位。如果你感知到的是声音、气味、味道，或者皮肤上的感觉（也就是一些外在的感受）也可以。这依旧是你自己的身体在运转。这一任务没有标准答案，不要评判你的感受，也不要试图纠正它。

3. 将注意力转移到此刻感受最强烈的地方。如果你的注意力分散在很多地方，也没关系。重要的是你没有因为自己的"思维散漫"而放弃这项任务。思维散漫的地方正是需要观察的有趣之处。如果你停止了观察，一味沉迷于思考，没关系，将注意力拉回到你正在感知的地方便是。如果你十之八九的时间都在思考，也别担心——这是你紧张的思维在身体里寻找安身之处。如果你意识到了，那么就观察这种思维吧。跟随你的感知，就好像你能知道自己的身体里正在发生什么一样。如果你睡着了，这只能说明你累了。那就好好睡一觉。

4. 不管你的注意力集中在哪方面，都任其变化吧。如果某种感觉越来越强烈，即便让你不舒服，也不要阻止这种改变，任其发展就好。你只需要做一个警醒、体贴、不随意评判的观察者。

如果你的感知开始转向情绪，没关系。毕竟，情绪也会引起一些身体反应，比如呼吸急促、肌肉紧张、恶心、流泪、感到轻松、大笑、热烈、愉悦的性体验，或者整个人都有种极度欢喜的满足感。

如果这种感知开始变成画面，这很正常。在你不是想着用语言来表达这些的时候，画面就是你的内心在大脑中的体现。你如果愿意，可以记下最打动你的画面。在这个较长时间的感知过程中，如果一直记着这一画面比拿笔记下来更让你分心的话，可以先简单用笔记下来再继续。这是一个灵活的过程。有些高度敏感者会对这一过程录音，并大声说出自己的体验。你稍后也可以再认真思考这些画面，就好像自己梦到这些画面一样（详见第十章）。

5. 不要限制时间。给自己足够的时间来体验这所有的感觉，尤其要注意，不要在第一次感到不安时就停下来。这一过程可能会是后面某些过程的铺垫。给自己一些时间，也许你能在这一个小时里享受这项任务。这与冥想和瑜伽一样，是一个"放松"的行为。作为高度敏感者，你需要放松的时间来让自己保持健康，这就和你需要吃饭、喝水、睡觉一样。

6. 任务结束后，承认自己有自我治愈的力量。 你不需要其他任何人、任何事物甚至这本书的帮助，你只需要给自己足够的时间，并以这种专心的方式治愈自己。其他的东西都只是锦上添花。

7. 在下方写下你体验到的一切——例如，你感知到的情绪，你觉得身体/思想的哪一部分受到伤害或者被治愈，以及任何表明你应该调整自己生活方式的迹象（比如需要更多的锻炼、改变饮食，以及对信息的渴求，等等）。

_____

_____

_____

_____

_____

_____

_____

_____

_____

_____

_____

_____

_____

任务等级： B级、C级。尽管这看起来完全像单独完成的任务，但是如果是两人合作完成的话，对方可以要求你感受自己如何躺、如何坐，等等，还能在任务完成后问你感受如何。当然，录音也可以做到。

如果你们想以小组的形式完成这项任务，那么全组成员都要保持热情。如果你们愿意，也可以集体讨论自己的感受，但是切记不要强迫他人讨论。

小结：仔细回顾身体的感受，想一想自己从中得到了什么。可以在此写下自己的思考。

_____

_____

_____

_____

_____

重塑过去

你已经知道自己是高度敏感者，现在我们要开始执行关键任务：重塑你的过去。正如我在前言部分讲过的，这是本书的核心。

这个过程会很难。重塑比其他任务都要困难，而且在这个过程中你可能会觉得痛苦。不过最后你会发现，这一切都是值得的。

一开始你需要对生活中的一个重大变故或者转折重新做出反应。如果你愿意，你也可以做得更多，但是要慢慢来——每天不能超过一个。后面的章节会要求你回到这里，重新构建你的童年、青少年、你"害羞"的社交经历、你在事业上的选择、你与配偶的亲密关系，以及就医经历。为什么要从生活中的一次变化开始呢？因为生活的每一个新情况、每一次转折或者变化都包含了很多刺激因素。我们由于可以感知到所有的细节，便会接收到更多的刺激因素，所以我们对每一次变化的感受要比非高度敏感者强烈得多。与常人相比，我们需要更多的时间来应对每一次的变化，接受它，然后消化它。如果我们不这么做，那这次改变将会进行得很艰难；但如果我们这样做了，又会有人批评我们"过于焦虑""不果断"，或者"不灵活"。总之，很久之后，我们仍会觉得自己当时的表现欠佳。

不要忘记自己对每次好的变化所做出的"过度反应"。对于这种变化或惊喜来说，强烈的过度兴奋是最让人不安的。很多成年人对我说，他们幼时因为对惊喜的生日晚会反应"不对"，所以多年来一直陷在那种不好的情绪里。当我的第一部也是唯一的一部小说在英国出版时，我不得不去那里参加为此而举办的晚会等活动，享受那短暂的荣耀。那段经历后，我一直沉迷在一种不切实际的幻想中，这种状态持续了很多年。慢慢地，我开始抵触这种活动，一分钟都没办法多待——这让我觉得自己不太正常，也许是潜意识里恐惧成功。现在我明白了，那时我只是太过兴奋。

在这里写下你生活中曾发生的一次重大变化，也许你每每想起那件事情都觉得当时的表现欠佳——你认为自己压力过大，做了错误的决定，反应"不正常"。这一变化之处或许发生在你进入小学、初中、高中、大学时，或者你结婚、跳槽、生子、孩子离家时，抑或是你面临死亡、更年期或者其他健康问题时，还可能是你离婚、失业、搬家（我们未曾预料到的一次大搬家）、遇到自然灾害或者亲人离开时。而工作中的晋升或者得到荣誉，也可能是你引起的或者恰巧发生在你身上的一次改变。

重大事件：_____

_____

_____

_____

现在我们来重新走一遍：

1. 回忆一下你当时对这件事的反应——尽可能多地回忆当时的情绪、行为和一些画面。在这个过程中你可能会找出当时发生这件事的某些迹象，比如压力、疲劳、生病或者易怒等，重塑的机会就在于此。我在这里给大家举一个例子：

> 那是我在上大学的时候。我感到非常孤独。大部分同学我都不喜欢，我也不喜欢我的室友，他总是喝酒。我无法入眠，无法集中精神。后来我得了结肠炎被送到校医院。因此耽误了学业，使得考试没通过。我在圣诞节时回了家，却不想再回去。于是，我去了一所社区大学，这所大学并不好。在后来的日子里，我都很痛苦。

_____

_____

_____

_____

_____

_____

2. 一直以来，你对当时的反应都有何感受？写下来，像下面这样：

> 那件事对我来说非常失败，从那时开始，我渐渐觉得自己哪里都不正常。我父母也这样认为，于是他们送我去看心理医生。可惜收效甚微——我们谈论我的童年，可这让我感觉更糟，因为我父母太优秀了。我觉得自己更不正常了。

_____

_____

_____

_____

_____

_____

3. 根据你现在对高度敏感这一特质的了解，再次审视一下自己当时的反应。高度敏感者能比旁人获取更多的细节，处理信息也能更深入，这也就意味着，他们会因强烈的刺激因素而受到更多的困扰。对我们而言，高度刺激会引起过度兴奋。在过度兴奋时，没有人会感觉良好或表现依旧如常。在经历变化时，我们所接收到的刺激比他人更多，自然也就更兴奋，所以在那些时刻我们不能对自己期望过高。

根据高度敏感者对变化的典型反应，写下你是如何理解上面记录的事件的。你写在这里的内容就是你想对自己说，并想让自己相信的内容，所以这些话要强有力并且温柔。你还可以想象成是我在对你说这些话。继续这个例子：

> 我受到太多刺激，感觉自己要崩溃了。我需要时间来适应这些新环境——新宿舍、新朋友、不习惯的食物、陌生的大学课程以及学着保持收支平衡。"变得不太正常"简直就是预料之中的事。所以在圣诞节回家之后不想再回去，不想再面对更多的失败。这对高度敏感者来说实在太正常了。高度敏感者需要有足够的空间和时间去接受改变，而不是一次性全部接受。但我不知道这些，我身边的人也同样不知道，所以我得不到任何的安慰和帮助。

_____

_____

_____

_____

_____

_____

4. 接下来我需要你写下的是，如果当时知道得更多，你会如何应对那次变化呢？不要自我批评，而要带着同情心陈述当时的情况。因为你自己和他人都不知道你是高度敏感者，所以你经历了不必要的痛苦。告诉自己，你现在能对自己有更深入的了解，也能在以后的日子里给自己更好的治疗。例子如下：

> 我当时应该选择本地的大学，或者有朋友的学校。如果

当时学校里有心理医生了解"敏感"这个特质，也许会对我有很大帮助。也许我应该休学一年，然后选择一个新的班级重新开始，那时我对其他一切都是熟悉的。以后我不会再像之前那样了。

---

5. 如果了解了高度敏感这一特质会让你免受当时的遭遇，或者让你的人生中没有这段经历，那么多花些时间想想，你究竟该如何看待这件事。比如：

我感觉很不好，甚至觉得愤怒。我想如果继续留在当时的学校我的人生会很不一样——我会更自信，会受到更好的教育，毕业后会去一所更好的学校读研，我也会有更多的朋友在我所在的领域里成为佼佼者。如果我那时知道现在所知道的这些，我一定会留在那里。现在，这一遗憾可能会持续我的一生。我特别想哭。

_____

_____

_____

6. 写下你对这件事的新理解，并时常返回来读，直到你完全领会了它的意义为止。比如：

> 这件事并不代表我生来便是杞人忧天或者羞怯的性格，从而注定一生坎坷。我只是高度敏感，这让我更易受到生活中各种变化的影响。我对细节的变化格外警觉，一旦出现大的变化便会崩溃。现在既然我知道如何更好地应对它，那我就能度过我选择的所有变化，不过这需要以我自己的节奏来进行。

_____

_____

_____

_____

_____

_____

这里总结了重塑的几个步骤：

1. 回忆一下你当时对这件事的反应——尽可能多地回忆当时的情绪、行为和一些画面。

2. 一直以来，你对当时的反应都有何感受？

3. 根据你现在对高度敏感这一特质的了解，再次审视一下自己当时的反应。

4. 想一想，如果你和你身边的人那时知道你是高度敏感者，并为此调整了自己的做事方式，那这件事的消极方面会得以避免吗？或者说会有不同的后续发展吗？

5. 如果了解了高度敏感这一特质会让你免受当时的遭遇，或者让你的人生中没有这段经历，那么多花些时间想想，你究竟该如何看待这件事。

6. 写下你对这件事的新理解，并时常返回来读，直到你完全领会了它的意义为止。

任务等级：A 级、B 级和 C 级。

小结：把你重塑的每次经历都写在下面，并对每次重塑写一个简短说明。就从这次任务开始吧，之后将每章所做的任务补充在这里。如果你偶然因为自己的敏感而做了一次自我重塑，也可以写在这里。时时回顾这里的内容，以便尽快与新的自己融合。下面是就上文的事情写的一个例子：

> 1. 对改变的反应——我没有留在原来的大学。我没有理由因此感到羞愧。因为那时我并没有意识到自己为何如此脆弱，也没有得到适当的支持，所以那对我而言是一个很大的变化。

1.＿＿＿＿＿＿＿＿＿＿＿＿＿＿＿＿＿＿＿＿＿＿＿＿＿＿

＿＿＿＿＿＿＿＿＿＿＿＿＿＿＿＿＿＿＿＿＿＿＿＿＿＿＿＿

2. _____

_____

其他 _____

_____

_____

_____

_____

_____

_____

_____

_____

_____

_____

_____

_____

_____

_____

_____

_____

_____

_____

_____

如果你是道德参谋

这一任务的目的是帮助你像道德参谋一样思考。本章的前面提到，好战扩张型文明总是有两个统治阶级：勇士国王和道德参谋，而后者常常是高度敏感者。他们的角色往往是教师、律师、顾问等。他们用语言或者艺术的方式记录历史，展望未来，思考人生和死亡的意义，引导仪式礼仪，研究自然界或法律的细微之处，让冲动的国王慢下脚步。

你也许在上面提到的领域里有一席之地，或者你以其他不同寻常的方式建议：在你的办公室，尝试与职员或者客户交流。这种建议也可能出现在非工作活动中——跟朋友、家人在一起，或者在社区中消遣时。

下面有两栏空白，在左栏写下你能想到的所有可以成为道德参谋的职业，在右栏写下你能想到的让自己看起来像道德参谋的特质。

职业	特质

职业	特质

任务等级： A 级、B 级、C 级。

小结： 花点时间反思一下，想一想自己从这个任务中收获了什么。

_____

_____

_____

_____

你对自己哪些方面不满意——找出深层原因

让你在一本书中说出对自己不满意的地方确实有些唐突了，但是我认为这项任务很重要，所以必须囊括在本书中。这是通向敌营的路，也就是——"你怎么了"区域。这个区域里满是你的自我批评，有些也许已经得到调整，但有些还没有。这里需要你做的任务就是将已调整和未调整的自我批评分开来。不过如果这一部分的任务对你毫无作用，就顺其自然地由它去，或者也可以在专业指导下做这个任务。还有，不要在完成其他任务后立刻来做这个任务。它需要单独完成——或者在你饱餐后，或者在你批评自己时。你不必现在就完成这个任务，在你稍后对此有了深入理解后再做，而且本书的最后也一定会要求你回到这里完成任务。

给了你足够的提示后，我也要告诉你，你将要做的都是很简单的事——我们很多人每天都会做的事，只是之前我们做的时候并未完全意识到。而此处的目标就是以一种更有意识且恰当的方式去做。

你要认真观察自己，找出最不喜欢自己的三个方面。不要把它看成是完全靠勉强自己才能完成的活动，而要让自己深入探究那些你觉得对你来说有问题的地方。那些方面可能限制了你喜欢自己的程度，也可能是最困扰你或者让你最不好意思的地方。

从写下这三个方面开始。不要只是给自己贴一个坏的标签，"肥胖""愚蠢"或者"懒惰"都不是恰当的表述方式，也不是有用的说法。试着用更恰当的措辞来描述，比如"我总是过度饮食""我理解东西好像很慢""我希望自己能更努力"。将你找出的三个方面写在这里：

I _____

_____

II _____

_____

III _____

_____

方面 I

从现在开始，下面的每一个问题都是针对方面 I 的。（后面你会以相同的方式完成方面 II 和方面 III。）

将问题写在这里：＿＿＿＿＿＿＿＿＿＿＿＿＿＿＿

1. 找出具体行为。在下面写下这些天让你有此感受的具体行为。如果在这一条你想写的是"我希望自己能更努力"，那你可以这么写，"我未完成学业就离开了学校"或者"我在周六总是起不来去锻炼"。

＿＿＿＿＿＿＿＿＿＿＿＿＿＿＿＿＿＿＿＿＿＿＿＿＿

＿＿＿＿＿＿＿＿＿＿＿＿＿＿＿＿＿＿＿＿＿＿＿＿＿

＿＿＿＿＿＿＿＿＿＿＿＿＿＿＿＿＿＿＿＿＿＿＿＿＿

2. 根据评分标准评出重要程度。在 0 到 10 之间给这一问题评分，0 分意味着"我对这个问题一点都不在意"，10 分则表示"我非常不喜欢自己这样，这是对我生活影响最大的地方"。你的分数：＿＿＿＿＿。

3. 你对这一方面有何感受。深呼吸，然后认真思考一会。前面你已经做了不少工作，记下你在找出这个方面后的感受，然后就这一方面的某个具体行为，去思考更多的细节。被所看到的吓到？觉得恶心？生自己的气？将你的感受写在这里：

＿＿＿＿＿＿＿＿＿＿＿＿＿＿＿＿＿＿＿＿＿＿＿＿＿

＿＿＿＿＿＿＿＿＿＿＿＿＿＿＿＿＿＿＿＿＿＿＿＿＿

＿＿＿＿＿＿＿＿＿＿＿＿＿＿＿＿＿＿＿＿＿＿＿＿＿

4. 自我检讨的结果。你在思考这一问题时能否听到内在的某个声音，或者感受到身体的某一部分活跃起来——也许是一种内在批评？试着回答以下问题。

a. 你多久会听到一次这样的声音，或者多久会对自己这一方面有怀疑的想法？（在你开始意识到这种声音出现的频率时，就需要对这一出现频率做更高的预期。）

_____

_____

b. 这个声音或者这种批评在你的梦里是带着某种个性化特征，还是具有某种象征性意义呢？你觉得这声音是属于法官、警察、驯兽师、教师、残忍的人、友好的建议者、竞争者，还是某个朋友呢？（这也许会帮助你回答下一个问题。）

_____

_____

c. 如果你还未曾想过"他"的名字、性别和个人特征，那么从这些角度来仔细想想这个声音或者形象。这个声音的发出者总是同一个性别吗？当性别不同时，他们的话是否会有所不同呢？你想如何称呼"他"呢？你认为"他"有着怎样的性格特质呢？（此处假设其为男性，即"他"。）

_____

_____

d. 你知道"他"是何时"诞生"（即何时出现在你的脑海中）的吗？他是因别人的声音而产生的吗？如果是的话，那么是谁的声音呢？

_____

_____

e. 就你对自己不满意的这一方面而言，你认为这个声音所持的态度是理性的吗？"他"是根据事实而发声的吗？还是说"他"说出这样的言论只是因为看到他人因此而受到创伤或者出现问题？

_____

_____

f. 这一步非常重要。问一问"他"想要什么。更具体地说，"他"想帮助你，还是伤害你？将答案写在这里。（如果你觉得很困难，那就等完成第 67 页的"积极想象"之后再来回答这个问题。）

_____

_____

5. 从敏感的角度看待这一问题。现在回顾所有你了解到的与敏感有关的内容，找出所有可能会导致这些行为或者选择的东西。这时你需要"关掉"内在的声音。如果需要的话，你还可以想象我在你身边。

假设你面临的问题是，"我总是过度饮食"。那么是哪些方式导致你敏感的呢？你在受到过度刺激或者压力过大时会吃东西吗？你在焦虑或者沮丧时会吃东西吗？有没有可能是你太易受情绪影响，从而有了不太开心的过去，再加上你的敏感特质，让你变得容易焦虑和沮丧？过度饮食算是一个问题吗（损害了你的身体健康和社交生活）？因为生活在一个不尊重敏感的文化环境中——这种文化将敏感视为人格的一大缺陷，所以过度饮食就要被视作对自我的批判甚至是对自我的剥夺吗？

这里并不是让你将敏感作为自己行为的借口或解释一切的理由。我们每个人都有亟待改掉的坏习惯，可我真的希望你能认真审视高度敏感在你生活中所扮演的角色，尤其在你遇到麻烦并认为自己很差劲时。

写下所有你认为可能会导致这些行为或选择的东西。

_____

_____

_____

_____

_____

6. 解决这一问题的新方法？ 想一想这一行为与敏感有何关联，你打算如何解决这个问题？你想试着以不同的方式解决它吗？你愿意原谅自己，承认这一问题只是敏感的一部分吗？还是你打算仍称其为"一个问题"？你还是可以想象我与你一起在做这件事。写下你看待或处理这一问题的新想法。

_____

_____

_____

_____

7. 你以前还有过什么经历会导致这一行为呢？

你身边有谁跟你有相同的问题吗？如果这个人是你的家庭成员，那么他有什么遗传特质会影响你的行为吗，比如脾气暴躁？

•这是一代一代延续下来的坏习惯吗？

- 这一行为是为了控制一直以来的焦虑或者负面情感吗？
- 回顾第四步的 e，在那一步里，你集中精力想找出批评声音的来源。谁因这个行为批评过你？你听过他们以同样的原因批评别人或者他们自己吗？你尊重他们对于这件事的观点吗？

想一想，除了敏感，还有什么其他原因会导致你不喜欢自己的这一方面，把它们都写下来。

_____

_____

_____

_____

_____

8. **现在再做一次评分吧。** 通过思考上述问题，再看一下你对这一方面的关注程度。这个问题对你的影响有多大呢？ 0 就是很小，10 就是很大。你的分数：_____。

9. **你在这方面的感受有发生变化吗？** 如果你之前对这方面评分较高，也很讨厌自己，那么用刚学到的方式再来思考这一点会对你有帮助吗？尤其是对你的敏感有帮助吗？对你生活其他方面的影响呢，有什么变化吗？

_____

_____

_____

_____

方面 II

将问题写在这里：_____

在这里你同样需要完成方面 I 中的 9 个步骤。如有必要，可以返回第 34 页开始。

1. 找出具体行为。

_____

_____

_____

_____

2. 根据评分标准评出重要程度。在 0 到 10 之间给这一问题评分，0 分意味着"我对这个问题一点都不在意"，10 分则表示"我非常不喜欢自己这样，这是对我生活影响最大的地方"。你的分数：_____。

3. 你对此有何感受。确定这个方面后你感受如何，然后就这一方面的某个具体行为，去思考更多的细节。

_____

_____

_____

_____

4. 自我检讨的结果。你在思考这一问题时能否听到内在的某个声音，或者感受到身体的某一部分活跃起来？

a. 你多久会听到一次这样的声音？

_____

_____

b. 这个声音或者这种批评在你的梦里是带着某种个性化特征，还是具有某种象征性意义呢？

---

c. 这个声音的发出者总是同一个性别吗？当性别不同时，他们的话是否会有所不同呢？你认为"他"有着怎样的性格特质呢？

---

d. 你知道"他"是何时"诞生"（即何时出现在你的脑海中）的吗？他是因别人的声音而产生的吗？如果是的话，那么是谁的声音呢？

---

e. 就你对自己不满意的这一方面而言，你认为这个声音所持的态度是理性的吗？"他"是根据事实而发声的吗？还是说"他"说出这样的言论只是因为看到他人因此而受到创伤或者出现问题？

---

f. 这一步非常重要。问一问"他"想要什么。更具体地说，"他"想帮助你，还是伤害你？

---

5. 从敏感的角度看待这一问题。现在回顾所有你了解到的与敏感有关的内容，找出所有可能会导致这些行为或者选择的东西。

———————————————————————————

———————————————————————————

———————————————————————————

———————————————————————————

———————————————————————————

6. 解决这一问题的新方法？想一想这一行为与敏感有何关联，你打算如何解决这个问题？你想试着以不同的方式解决吗？你愿意原谅自己，承认这一问题只是敏感的一部分吗？还是你打算仍称其为一个问题？

———————————————————————————

———————————————————————————

———————————————————————————

———————————————————————————

7. 你以前还有过什么经历会导致这一行为呢？

• 你身边有谁跟你有相同的问题吗？如果这个人是你的家庭成员，那么他有什么遗传特质会影响你的行为吗，比如脾气暴躁？

• 这是一代一代延续下来的坏习惯吗？

• 这一行为是为了控制一直以来的焦虑或者负面情感吗？

• 谁因这个行为批评过你？你听过他们以同样的原因批评别人或者他们自己吗？你尊重他们对于这件事的观点吗？

想一想，除了敏感，还有什么其他原因会导致你不喜欢自己的这一方面，把它们都写下来。

_____

_____

_____

_____

8. 现在再做一次评分吧。考虑一下这个问题对你的影响，0就是很小，10就是很大。你的分数：_____。

9. 你在这方面的感受有发生变化吗？如果有变化的话，你能找到原因吗？

_____

_____

_____

_____

方面 *III*

将问题写在这里：_____

在这里你同样需要完成方面 I 和 II 中的 9 个步骤。

1. 找出具体行为。

_____

_____

_____

_____

2. 根据评分标准评出重要程度。 在 0 到 10 之间给这一问题评分，0 分意味着"我对这个问题一点都不在意"，10 分则表示"我非常不喜欢自己这样，这是对我生活影响最大的地方"。你的分数：_____。

3. 你对此有何感受。 确定这个方面后你感受如何，然后就这一方面的某个具体行为，去思考更多的细节。

_____

_____

_____

_____

4. 自我检讨的结果。 你在思考这一问题时能否听到内在的某个声音，或者感受到身体的某一部分活跃起来？

a. 你多久会听到一次这样的声音？

_____

_____

b. 这个声音或者这种批评在你的梦里是带着某种个性化特征，还是具有某种象征性意义呢？

_____

_____

c. 这个声音的发出者总是同一个性别吗？当性别不同时，他们的话是否会有所不同呢？你认为"他"有着怎样的性格特质呢？

_____

_____

d. 你知道"他"是何时"诞生"（即何时出现在你的脑海中）的吗？他是因别人的声音而产生的吗？如果是的话，那么是谁的声音呢？

---

e. 就你对自己不满意的这一方面而言，你认为这个声音所持的态度是理性的吗？"他"是根据事实而发声的吗？还是说"他"说出这样的言论只是因为看到他人因此而受到创伤或者出现问题？

---

f. 这一步非常重要。问一问"他"想要什么。更具体地说，"他"想帮助你，还是伤害你？

---

5. 从敏感的角度看待这一问题。现在回顾所有你了解到的与敏感有关的内容，找出所有可能会导致这些行为或者选择的东西。

---

6. 解决这一问题的新方法？ 想一想这一行为与敏感有何关联，你打算如何解决这个问题？你想试着以不同的方式解决吗？你愿意原谅自己，承认这一问题只是敏感的一部分吗？还是你打算仍称其为一个问题？

----

7. 你以前还有过什么经历会导致你的这一行为呢？

- 你身边有谁跟你有相同的问题吗？如果这个人是你的家庭成员，那么他有什么遗传特质会影响你的行为吗，比如脾气暴躁？
- 这是一代一代延续下来的坏习惯吗？
- 这一行为是为了控制一直以来的焦虑或者负面情感吗？
- 谁因这个行为批评过你？你听过他们以同样的原因批评别人或者他们自己吗？你尊重他们对于这件事的观点吗？

想一想，除了敏感，还有什么其他原因会导致你不喜欢自己的这一行为，把它们都写下来。

----

8. 现在再做一次评分吧。你的分数：_____。

9. 你在这方面的感受有发生变化吗？如果有变化的话，你能找到原因吗？

任务等级：C级。如果以小组的形式来完成这项任务，必须以匿名的方式进行且全票同意方可。给大家几个小建议，以便更好地完成这一任务：他人在分享不喜欢自己的方面时，你可能觉得事实不是这样的。你可以说出自己的看法，但如果对方非常坚持，那就鼓励他寻求帮助。如果对方分享的某一方面也恰是你所不喜欢对方的地方，你可以选择帮助他，但一定要温和。跟对方交流时，首先要肯定对方的长处——例如，"固执""有竞争力"是他们的优点。如果你们是两人一组，你可以告诉对方，如果没有他分享的这一点问题，你们会更亲近，并且向他表示，你会多多帮他加强他想拥有的行为习惯。将你自己的问题也糅合到这一过程中。你会发现你的这些伙伴们都非常谦逊。

小结：再花一点时间思考，写下你在本次任务中的收获。

第二章

进一步了解你自己

这一章旨在帮你进一步了解你的身体、你的敏感，以及你的精神世界。这部分有关敏感的内容会减少，更多的是对你自身的了解。我们每个人都是独一无二的。虽然我不了解你，无法说出你的独一无二之处，但是我可以通过对高度敏感者进行的多年观察体会，来引导你思考自己的独特之处。

将敏感视为人类的另一种生存方式，或者另一种生存策略，也是一种思考角度。如果一个物种天生便具有不止一种生存策略，那么该物种中的个体便会有更多的方式去适应环境。这很有意义。另外，这也是人类中一直拥有高度敏感者的一个原因。

高度敏感者的生存方式是什么？行动之前仔细思考是我们与生俱来的能力，所以我们很少犯错（也就是说，很少因为意外而死亡）。我们能发现某个状况下的所有细节，并善于深思熟虑。这种生存之道，表现在敏感的动物身上，就是万分小心地避开捕食者，找到合适的伴侣，选择有营养的食物，寻找安全的住所，判断何时与其他动物开战以及何时逃跑，等等。而表现在人类身上嘛……可能并无太大不同。我们高度敏感者同样会小心地避开捕食者，寻找合适的伴侣、营养的食物和安全的住所。在狩猎时期，高度敏感者是仔细瞄准目标并一击即中的那类人。

我喜欢想象自己在一个群体中，不管是人类群体，还是动物群体，高度敏感者都是那个最先发现灌木丛里狮子的人。我们提醒其他人，然后那些天生善战的人去制伏狮子。一个群体中要有几个善于观察的人，而其他人则采取必要的行动。这可能也是高度敏感者只占人口的20%，而其他人占80%的原因。

那么那 80% 的人又有怎样的生存方式呢？他们喜欢快速行动，更喜欢冒险，而不是把时间花在思考上。这一类型的动物往往鲁莽地去探索新领地，不假思索地品尝新食物，或者为了新的伴侣而大打出手。而这一类型的猎人则喜欢对着猎物连续射出二十几箭，期待能有一箭射中目标。

这两种生存之道其实都可行。有时候，冲动的冒险者会占优势。在赛马中往往是那匹不可能获胜的马跑得最远。有时候，在各种情形下都仔细盘算的人会占上风。事实上，这两种人有同样的机会成为优秀的人——只是方式不同。

不过，就策略和结果而言，敏感这一特质可以借用"勇士国王"这一隐喻。高度敏感者只是更享受发现生活中的细微之处并进行深度思考，而不是将观察结果简单地归为成功或失败。因为人类在感知能力上有优势，而高度敏感者在这方面更是个中翘楚，因此对于我们人类来说，高度敏感者的重要性更与以往不同。从这一层面来说，我们与他人不同。但是感知能力同时也会带来心理上的痛苦，因为人类好像是唯一能预见失去和死亡的物种，并且人类如果找不到生存的意义，也就没有动力去面对最终的痛苦、失去和死亡，这时他们会选择结束自己的生命。有些人会想办法把失去和死亡这两个问题排除在意识之外——这种防御叫做否认。这也是无意识存在的一个原因。与此相反，高度敏感者往往致力于思考这些问题，甚至他们还曾面对过这样的问题。

观察高度敏感者时，仍最常得到的结果就是：我们很喜欢沉默、停顿；如果我们说些什么，那还会给我们加上"思想深奥"，甚至"腹黑"的标签。当我们沉默或者停顿时，没有人知道原因。这时观察者就可以随意将任何动机或者特质加到我们身上。他们会说我们胆怯、冷漠、害羞、拘束、胆小、傲慢、愚蠢、反应迟钝、思想深奥或肤浅、抑郁、自私、焦虑、自恋等，当然也会有很多其他的形容词。我们的深思还会被认为是悲观或者"缺乏积极情感"。

回到上面说的"同一物种的两种生存策略"。关于我们的敏感特质，有一篇科研报告给我们贴的一个"不当标签"我很喜欢。报告中提到，瓜仁太阳鱼在设置的陷阱面前会有两种不同的表现："正常的"太阳鱼会"大胆地"进入陷阱，而"胆小的"太阳鱼则会避开陷阱。为什么不说是"愚蠢的"太阳鱼和"聪明的"太阳鱼呢？

是时候让世界上其他人了解一个高度敏感者的内在世界到底是怎样的了。不过要知道这些，你首先需要探索自身内在的一些区域。我们开始吧。

冒险队——了解你身体的优势和劣势

这一部分的任务是，将你自己看作一个有机体去仔细了解。这次的方法是将事物人格化，并编成故事讲出来。这会很有趣，不过也需要一些准备工作。后面会要求你带着想象去写故事，但你如果担心自己的写作功底不够，那就像记笔记一样写出来就可以，不要让写作能力阻碍了你的创造力。

首先，你需要将自己最重要的身体部位、机能、器官系统想象成一个团队，一起进行一场终身的冒险——就像科幻小说里的冒险家，抑或是童话故事或者动物故事里的人物，比如托尔金的《霍比特人》(*The Hobbit*)或者 C.S. 刘易斯的《纳尼亚传奇》(*The Chronicles of Narnia*)。你也可以把自己身体的各个部位想象成一个去北极或南极的真实的远征队或者勘察队。不管哪种方式，都是为了赋予它们有趣的人物形象。队伍中有些成员非常健壮，总是一马当先并有领导能力，还能扛起最重的行李。对你来说，可能消化系统总是值得倚靠的，肌肉和肺也是英雄。其他队员则需要小心照顾。也许膝盖开始时很强壮，但后来受了伤或被逼得太紧。还有一些队员（也许对你来说是引发过敏的免疫系统）在队伍中一直是虚弱，但必不可少的存在。

　　没有两个完全一样的冒险队，也没有人比你更了解自己。你必须清楚地知道你自己和共同旅行的这个团队，而不是稀里糊涂，总是过分重视一个英雄或者弱者。

　　1. 仔细审视你的身体，了解你身体的所有部位和机能，不管你注意到这些部位的原因是什么——曾为之骄傲也好，疾病、受伤或者任何其他原因都可以。这些部位、机能、器官系统可能有肌肉、头发、眼睛、大脑、甲状腺、皮肤、身体协调性、肺部机能、情绪回应、更年期症状或者性反应、神经系统、免疫系统、生殖系统，等等。将这些都列出来，并给每个"队员"都取一个可以用在"冒险队"里的名字。也许你会像印度人给孩子取名字一样给这些器官取名字——用那些对你来说很重要的特征，如**戒**

烟后更健康的肺或者经常红扑扑的脸。也可以用你喜欢的故事中人物的名字，比如说用屹耳（屹耳，英文名 Eeyore，是《小熊维尼和蜂蜜树》（Winnie the Pooh and the Honey Tree）中的一个角色，一头旧的灰色小毛驴，出演了小熊维尼系列中的众多作品。它悲观、极其冷静、自卑、消沉）来指代某种情感。

这个名单你想列多长都可以，但一定要确保那些重要的身体部位和机能都在名单中。你可以请熟悉你的人帮你检查一遍名单，以确保没有遗漏任何对你重要的部分。

2. **要开始冒险旅程时，在下一栏里对每个"队员"的典型行为做出评价。**（换句话说，你身体的各个器官在面对一个新改变时做何反应。）例如：**强壮的心脏**——剧烈跳动。**四只眼睛**（因为我戴眼镜）——干得很好，时刻准备行动。

3. **在第三栏中对每个"队员"的日常状态做出评价。**"队员"成为"强者"的潜力有多少呢？举例来说：**强壮的心脏**——心跳十分稳定，这是平时锻炼的结果。**四只眼睛**——盯着电脑有些疲劳，想摘下眼镜休息一下，去森林中走走。

4. **在最后一栏对每位"队员"在危机中的表现做出评价。**也可以想想一名"队员"如何接替另一名"队员"。举例来说：**强壮的心脏**——表现非常好！不过跳动也十分剧烈。**四只眼睛**——从未让我失望；在危机中他们闭上片刻帮助我稳定**情绪**，让我平静下来。

身体部位、机能、器官系统	旅程开始时的表现	毅力	压力下的勇气

5. 在你认为最主要的五到十个"队员"的名字前画颗小星星——这十个队员可以是"大英雄",也可以是"小麻烦",就是你常常用到的,为之骄傲的,需要治疗的,让你很担心的,等等。

6. 写一个客观实用的说明来描述你的"冒险队",实用到要加入这个团队的队员的生命都要仰仗这份说明(你的生命也是如此)。要写得有戏剧性,要让英雄们、普通队员们和需要多加照看的队员们(这也许能帮你注意到你标过星的队员)之间多多互动。如果你喜欢这种写作,可以试着想象他们正在进行一场刺激的冒险——会遇到危机，也许是你曾经历过的危机——将这些都写成故事。不要让下面横线的空间限制住你的想象——你想写多少都可以。

_____

_____

_____

_____

_____

_____

_____

_____

_____

_____

_____

_____

7. **在脑海中与某些"队员"聊天**。也许你会想感谢"某人"或者问问"某人"为什么它一直成为你的困扰。你还可以偷听他们的聊天。最重要的是，你可以问问他们每个人，你可以为他们做什么。认真倾听答案（例如，**强壮的心脏**告诉我它不会一直这么强壮，它让我趁还有余力的时候多多冒险。**左脑**却反驳说心脏太悲观，因为它一直稳定地向身体各处输送血液。**强壮的心脏**则说**左脑**是个快乐的傻瓜，总是不承认死亡和人生的其他无奈。它们可以这么吵上一整天）。把你在这里学到的东西记下来。

_____

_____

_____

_____

任务等级： B 级和 C 级。

小结： 通过与身体各个部位／各个人物相处，你有什么领悟吗？把它们写在下面的横线上吧。

_____

_____

_____

_____

测测你的敏感类型

下面的问题大部分出自一份至少千人参与的调查问卷，还有少部分问题是基于其他研究者的研究成果。回答完这些问题后，你会知道我能在高度敏感者回答的"是"或"否"中了解到什么。

	是	否
1. 你喜欢尝试新事物吗（如果这些新事物并不是那么不可抗拒的）？	是	否
2. 你容易感到无聊吗？	是	否
3. 如果在一个安静、与世隔绝的地方（比如寺庙或灯塔）过着规律的生活，久而久之，你最终会觉得不耐烦吗？	是	否

4. 即便是第一遍看时非常喜欢的电影，你也不想看第二遍吗？　　　　　　　　　　是　　否

5. 你在尝试新事物时，享受这一过程吗？　　是　　否

6. 你愿意只拥有几位亲密的朋友吗（而不是拥有一大帮朋友）？　　　　　　　　　　是　　否

7. 你更愿意与一两位好友外出吗（与之相反的则是集体出游）？　　　　　　　　　　是　　否

8. 你生来便容易紧张或者杞人忧天吗？　　是　　否

9. 你容易害怕吗？　　　　　　　　　　　是　　否

10. 你容易哭吗？　　　　　　　　　　　　是　　否

11. 你容易抑郁吗？　　　　　　　　　　　是　　否

12. 你以前和父亲亲近吗？　　　　　　　　是　　否

13. 你父亲参与了你的成长过程吗？　　　　是　　否

14. 你以前和母亲亲近吗？　　　　　　　　是　　否

15. 你母亲以前喜欢婴儿和小孩吗（喜欢抱着他们或者让孩子们围在她身边）？　　　是　　否

16. 在你的成长过程中，你的直系亲属里有人酗酒吗？　　　　　　　　　　　　　　　是　　否

17. 在你的成长过程中，你的直系亲属里有人有精神问题吗？　　　　　　　　　　　　是　　否

18. 你认为自己是害羞的人吗？　　　　　　是　　否

19. 你是"早起的鸟"吗（喜欢早睡早起，上午工作效率最高，黄昏和晚上最疲惫）？　是　　否

20. 咖啡因对你效果明显吗？	是	否
21. 你是有野心的人吗？	是	否
22. 你会避免生气时与人对峙吗？	是	否

看看你属于哪种敏感类型

敏感不止有一种类型。原因不一而足，可能是由于有多个基因控制这一特质，也可能是由于这一特质与其他特质的交互作用。后面我会说明，在有些案例中，生活经历是对这种变化的最好解释。我一直在研究其中的几种敏感类型，这里是我目前已经了解到的内容。

高度敏感者好奇心的强弱（问题 1～5）

这几个问题要弄清楚的是，在你所属的敏感类型下你渴求新鲜刺激的程度。研究表明，我们的冲动行为是由两个大脑系统控制的。每个人都有这两个系统，但每个人的表现都会由于两个系统的活跃程度不同而有差异。一个叫做行为抑制系统，或者叫BIS（Behavioural Inhibition System 的简称）。这一系统会指引我们在做出某个行为前停下来思考。所有高度敏感者的这一系统都非常活跃。另一个系统是行为激活系统，或者叫 BAS（Behavioural Activation System 的简称）。它会指引我们寻求回报，激发我们的好奇心，让我们充满活力，但又容易感到无聊。我们称 BAS 活跃的人为"感知寻求者"。高度敏感者因这一系统的活跃程度不同而分为两个类型。

这两个系统都活跃的高度敏感者会发现，自己很难保持一个适度的兴奋水平。这类人往往很容易感到无聊或者过度兴奋。很多这一类型的高度敏感者都感到很诧异，与那些喜欢安静，过着深居简出的生活，且从不会感到无聊的高度敏感者相比，他们怎么可能是高度敏感者呢？不过这确实是两种截然不同的高度敏感者类型（当然，也有很多人处于中间地带）。

前五个问题大致可以衡量出你的好奇心、感知寻求的程度或者 BAS 的活跃程度。在这五个问题中，如果你有四到五个问题回答"是"，那么你肯定是感知寻求型的高度敏感者。如果有三个问题回答了"是"，则说明你处于舒适的中间地带。而假若你只有一两个回答是肯定的，甚至全部是否定回答，则说明你喜欢思考，喜欢平静的生活方式，是纯粹的高度敏感者。

内向的高度敏感者和外向的高度敏感者（问题 6 ~ 7）

高度敏感者中约有 70% 的人是内向型人格，也就是说，他们需要他人的陪伴，也喜欢有人陪伴，但是更倾向于只拥有几位亲密朋友，更喜欢与一两位好友小聚，而不是与一大群人狂欢。拿感知寻求型高度敏感者来说，很多外向型高度敏感者都想确认自己到底是不是高度敏感者，因为他们与内向型高度敏感者如此不同。但是如果你更愿意独自"给自己充电"（或者与朋友在一起时相顾无言），并且如果你不会冲动地做决定，那么你仍然是一位高度敏感者。对外向型的非高度敏感者来说，倘若身边没有人陪伴，那他们很难安静下来，并且他们往往是冲动型决策者。

那么高度敏感者如何变得外向呢？这样的人往往成长于一个外向的家庭，有和睦的邻里或者处于欢乐的社区，周围总有人来来往往，并且每个人都很享受这种感觉。这个环境慢慢让人熟悉，并觉得安全。不过也有些高度敏感者是被迫外向的，以迎合自己外向的家庭，或是以此来隐藏自己的敏感。

对第6、第7这两个问题都持肯定回答的人显然属于内向型人格。对高度敏感者来说，这两个问题中有一个回答是否定的（或者都是否定的），则说明这位高度敏感者相当外向了。

童年不幸福的高度敏感者和童年幸福的高度敏感者（问题 8 ～ 17）

研究之初，我让大家回答第8 ～ 11题（关于抑郁、焦虑和担忧等），想从中找出焦虑和抑郁与敏感有何联系，最后发现了两种类型截然不同的高度敏感者。约有三分之一的人对这四个问题持肯定回答——从他们身上似乎流露出焦虑和抑郁的倾向。其他人则没有。起初我认为，也许有两种可遗传的敏感特质——一种有焦虑和抑郁的基因在，另一种则没有。之后我看了第12 ～ 17题的回答数据，这几个问题是有关童年时期的家庭环境的。这些数据表明，越是童年时期家庭氛围差的高度敏感者，在第8 ～ 11题中回答"是"的可能性就越大。

换言之，童年幸福的高度敏感者不会焦虑或者抑郁，童年时期家庭环境不甚和谐的非高度敏感者，会有一定程度的焦虑和抑郁，但也不像童年家庭环境不太和睦的高度敏感者那样严重。有三个原因可以解释这一结论。第一，高度敏感的孩子更能感知到正在发生的事情，并且感受更深刻。第二，我们在应付新情况和那些让人崩溃的情绪时需要父母英明的指导，但心力交瘁的父母无法给予我们这种指导，所以我们在成长过程中没有学会应对害怕和悲伤的情绪。第三，童年的家庭环境会影响大脑机能（尽管这并不是完全不可逆的）。有项研究发现，在没有压力的情况下，小猴子与母亲分开后也能表现得像个成年猴子——而在压力下，它们会比那些一直与母亲在一起的小猴子表现得更加无助和焦虑。

在第 8 ~ 11 题（关于抑郁、焦虑和担忧中），只要有一个问题回答了"是"，就足以说明一些个人性格上的烦恼（虽然第 10 题中的易哭，与其他几个相比，并不是一个特别明显的迹象）。如果你回答了"是"，也不必太惊讶。在第 12 ~ 15 题以及第 16 ~ 17 题（关于你的父母以及家人中，是否有人有精神问题或者酗酒的情况）中，如果你对这两部分问题的回答分别是"是"和"否"，则在一定程度上说明，在你的童年时期，你的家庭氛围并不是特别好。

此外，成年人的抑郁和焦虑也往往与家庭环境不和睦有关。这里的"往往"是个很重要的修饰词，因为你虽然家庭环境不和睦，但也许会有其他的补偿因素在，比如你的祖父母非常好。从数据上看，我的问题已经足够证明我的研究，但是有关儿童应激源的问题还是不够完整。不过与其列出所有的可能性，但还是漏掉了对你来说最重要的一项，还不如由你自己来想想，你的童年时期是否有特别不寻常的压力（或者你想列出更多因素来勾起以往的回忆，那就翻到第 260 页）。你如果之前一直受到抑郁和焦虑的困扰，现在应该知道原因了。我们在第四章和第八章还会讲到这些话题。

羞怯（问题 18）

你对第 18 题的回答是肯定的吗？你认为自己是个胆小的人？我在研究中发现，羞怯和敏感的关系与焦虑或抑郁和敏感的关系相同：很多容易羞怯的人并不是高度敏感者，而那些羞怯的高度敏感者则往往是那些对第 12 ~ 17 题（有关童年时期的家庭环境）持肯定回答的人，这也表明这些高度敏感者童年时期的家庭环境不太和睦。所以我们并不是天生羞怯，我们只是敏感，是不友善、不和睦的家庭导致了我们的羞怯。

多元且重要的差异（问题 19 ~ 22）

第 19 和 20 题是有关早起早睡和咖啡因敏感的，这两个问题之所以重要是因为，你如果意识到自己确实是这样，就能更好地将自己的兴奋水平控制在合理范围内。如果你是早起早睡型（很多高度敏感者都是这样，但不是所有人都这样），说明你可能在早上更容易过度兴奋，即便你直到晚上才意识到这一点。好好利用你上午的新鲜活力，千万不要拖到下午才起床或者工作。晚上于你而言是精力恢复时间，最好早点睡觉。当然，这样的作息时间会让你与晚睡的人无法同步，可以说，几乎与所有的非高度敏感者无法同步，因为他们不论是早起的人，还是晚睡的人，都能熬夜到很晚。

然而那些晚睡的高度敏感者常常夸赞自己的生活方式，认为大家都睡去后的夜晚非常安静。事实上，确实有位高度敏感者跟我说，有一次她上晚班（下午四点到晚上十一点工作）时发现，这比上早班幸福多了。她说如果上晚班的话，就可以每天上午睡懒觉，避开上班高峰，工作时需要解决的问题和需要打交道的人也少很多。显然，这些也是需要考虑的因素。

很多高度敏感者对咖啡因的敏感度很高。即便平时习惯了喝咖啡，但如果摄入咖啡因的量超过往常，还是会有很大的反应。如果你平时不怎么喝咖啡，那就更要谨慎，尤其你如果是一个习惯早起，但又不习惯喝咖啡的人，最好谨慎尝试早上喝咖啡以让自己效率更高。因为这也许会让你过度兴奋。

其实第 21 题（关于雄心壮志）与高度敏感并没有太大关联，因为我的研究表明，非常内向的高度敏感者往往不太会有雄心壮志。但有雄心壮志的高度敏感者将此视为优势——有雄心壮志对任何人来说都是好的，尤其对那些想要青云直上的高度敏感者来说，更加有益。

如果你对第 22 题（关于避免愤怒）的回答是肯定的，则会与其他高度敏感者微微有些不同。我发现会生气的高度敏感者好像生活得更轻松些——他们能更快地大喊"够了！"

结语

内向且童年不太幸福的感知寻求型高度敏感者和外向且童年快乐、容易满足的高度敏感者有很大的不同。野心和愤怒如果结合到一起会更有趣。还有很多差异我们没有谈及，比如你拥有的特殊技能——认知、音乐、艺术、运动等。所以你是独一无二的。

　　小结：对于在本次任务中了解到的内容，你有何感想？写下来吧。

_____

_____

_____

_____

_____

给自己做个总结

　　上一部分非常深入地探索了你的内在，现在简单描述一下独一无二的自己吧。我要求你的描述从这句话开始："在生命中的这一阶段，我……"因为"改变"在我们的人生中不只是可能发生的事，还是大家期待且不可避免的事。这段话中要包含你在"冒险队"任务中或者在刚刚的自我测试中所理解的东西。你可以从对你而言最重要的"人物"或者经历开始，然后慢慢加入其他重要元素，让你的描述更加精准。

　　这一描述不会与任何人雷同。这就是你自己的东西。不过，我还是准备了几个例子，希望能给你提供一些灵感。我认识的一位高度敏感者是这样写的：

　　　　在生命中的这一阶段，我是外向且情绪化的高度敏感者。

我可以在必要的时候控制自己的行为，也能在需要的时刻将其转化为优势。最后，我利用自己的这些特质取得了很大的成功——成为一名男性领导。我的童年除了总是过度敏感之外，是幸福且健康的。成年后我头痛得很厉害，但是胃口很好（只要是可以入口的东西我都能吃），睡觉很香。当我想一个人休息但是客人还不离开的时候，我也会愉快地请大家先行离开。

还有一个例子：

在生命中的这一阶段，我是个内向的人。我是有天赋、野心勃勃的女性，但是身体却不太好。我属于早起的人，可以工作一整天，甚至熬夜到凌晨，所以我很少有充足的睡眠，也常常陷入深度抑郁。尽管如此，我还是要尝试新的东西（只要是我能承受得住的），希望能落实更多的想法。如果我可以不时地睡个好觉，我觉得生活还是很美好的。

还有位高度敏感者是这样写的：

在生命中的这一阶段，我是个内向的人，习惯早起。我是一名男性高度敏感者，但一直很容易哭，容易害怕，还很情绪化。这让我在我的国家很难找到合适的工作和伴侣，不过随着我渐渐长大，这些都不再困扰我。我是个注重精神的人——现在这是最重要的。大部分时候我必须承认，我是个幸福且健康的人。

在生命中的这一阶段，我：

_____

_____

_____

_____

_____

_____

_____

_____

_____

_____

_____

任务等级：A 级、B 级、C 级。不过还是要取决于你所写的内容。在你真正准备好之前，不要读给别人听。如果是小组形式的话，你所写的内容最好不要超过例子的长度，80 个字左右就够了。

小结：重读你给自己的描述，看看自己有何感受。然后用几句话将自己的感受记录下来，给现在的你看。

_____

_____

_____

_____

积极想象

下一个任务需要一些背景知识，所以放轻松，读下去就好。
人类的精神世界分为两个部分——意识世界和无意识世界。近年
来的心理学研究越来越能证明，人类精神的无意识部分才是决定
我们感受和行为的主要部分，而意识部分只是承担了记录功能，
并在无意识行为发生过后重回理性状态。我认为尽可能多地将无
意识思想意识化，对我们所有人来说都非常重要。一个非常重要
的原因是，偏见是我们在幼年时期获得的本能反应，根植于我们
的无意识思想，而如果我们想要变得客观公正，就必须意识到自
己的偏见，并且有意识地弥补偏见带来的不足之处。

虽然这两个部分看上去永远不会有交点，但是鉴于人类在精
神和心理方面的追求，我可以确定地说，我们渴望拥有一个完整
的意识。很明显，有些人一开始就对一些通常是无意识的东西有
更多的意识，或者说形成了一定的意识。意识世界和无意识世界
之间的门没有锁上，只是会稍微摆动，当它摆动时你便可以略窥
一二。

高度敏感人群似乎有这样一个通道（下次你觉得自己"快要
疯了"时要记住这一点）。我们有更鲜活的梦境，更不寻常的意识
状态，更难以否认和压抑意识之外的东西。事实上，对一些高度
敏感者来说（这也是我自己的体验），无意识的内在工作不仅仅是
一种奢侈，也不仅仅是一种学习方式。它是必要的。对我们中的
许多人来说，如果我们不与这股力量相向而行，它可能会淹没我
们。你无法摆脱无意识——如果你生来就在意识和无意识之间拥

有一扇自由摆动的门，你唯一的希望就是与无意识一起工作。你必须学会相信在与无意识一起工作的过程中出现的想法。如果你做了一个噩梦，这个过程并不意味着不好或可怕，它并不比天气所代表的含义多。重要的是，在这一工作过程所产生的变化中，你能够如何成长。

所以，我们来了解下如何提高自己思想的完整性吧——这是我们自己的事情。

意识和无意识世界的交流方式

精神的无意识部分包括与生俱来的知识和技能，就是那些我们不用思考便会的东西，比如怎么站立、怎么在房间里踱步。它还包括更深层次的问题——我们一直压抑的情感和记忆；因为太"不重要"而不必继续存在，所以被我们放弃的部分意识，包括太令人讨厌或有些可耻而不能被看到的想法，或者似乎对意识的稳定性有所威胁的意识，因为这部分意识甚至承认那些我们放弃的部分的存在（比如创伤的存在）。精神的无意识部分还包含本能和原型——以某种方式看待世界上广泛存在的文化倾向，这些倾向以符号和本能的形式呈现。所有这些都说明我们如果可以进入无意识部分，将会接触到很多有益的信息和能量。

据我了解，精神想要把所有的信息和能量深深地锁在无意识中。而无意识部分则并不想这样默默无闻。不过你要在精神发育和精神状况两方面有所准备，这样精神才会找到一种方式去接近你那已经忘记的无意识里的信息和能量。因为无意识也需要以某种方式得到你的关注。它所采取的方式一种是通过你记忆中的梦来提醒你，另一种是通过你的某些看似奇怪的行为来提醒你。我们举例来说，你在接受医生检查时觉得没什么，但是医生离开让你一个人换衣服的时候你却突然哭起来。那么很明显，有些东西是不对劲的。奇怪的行为常常代表着你的意识没有跟这个行为连结上。

还有一种可以将无意识部分意识化的方式，就是通过身体症状。例如，因为长期的肌肉紧张而导致的颈部不适，这可能是无意识在试着关闭精神和身体的联系。

那么精神是如何将无意识部分中的东西传达给意识的呢？它经常是以比喻或者象征的方式——通过隐喻、图像、符号、文字游戏或暗示身体受影响的部位，比如人们因为不想"看到"（有意识而为之）曾看到过的东西而功能性失明，或者因为担心自己会把需要保密的内容告诉他人而功能性失声。我们在第十章讨论梦境的时候还会说到象征手法。

积极想象——思想漫步

如果无意识部分的信息这么重要，那么高度敏感者自然而然地会想办法接收这些信息，而不是等待梦境或身体发出信号，抑或是等待那些不太寻常的倾向出现。事实上，很多高度敏感者已经发现了一个方法。接下来我要跟大家探讨的就是卡尔·荣格的"积极想象"（荣格明显也是一位高度敏感者，他甚至还在自己作品集的第四册里提到过这点）。你如果想进一步了解有关"积极想象"的内容，可以阅读罗伯特·约翰逊的《内在工作》（*Inner Work*）（详情请参阅参考文献，见第 385 页），这本书描写得更为简单且全面。

积极想象既是梦的分析，也是在没有梦的情况下思想所做的工作。事实上，有人发现，他们积极想象得越多，梦反而越少。在这种情况下，你可能尤其会注意到，那些反复出现的梦境或者让你不安的梦境变少了——你的无意识部分不再需要你以这种戏剧性的方式关注它。你可以说，积极想象给了你的精神世界应有的关注，或者你可以说这是一种内心漫游。

用最简单的方式来说，就是积极想象将你的注意力转向内在，去注意那些想要表现出来的无意识。这里的积极是让意识平等地参与到与无意识的对话中。意识不再像白日梦那样消极，也不再像"引导性想象法"那样控制无意识。"引导性想象法"就是自己有意识地想象一种景象、美好的一天，或者一个安全的地方，或者一个幸福的人。

当然，我们不能一次性与所有的无意识对话，但可以与无意识中的某些方面、某些内在人物或某种内在力量对话。如果你想进行积极想象，并选择与哪个内在人物或者哪股力量对话，那就需要从这个问题开始：

谁？什么？

一个显而易见的对话对象就是梦中的人物——一个在不断反复的梦里、不安的梦里，或者最近的梦里出现的人。说到这，我就需要说些关于梦的东西，尤其是出现在梦中的人或动物。（你也可以翻到第十章去看更多有关梦的内容。）

有时你梦到某个人，最可能想到的就是这个梦要给你提供一些关于这个人的新信息，或者你与此人的关系。比如你梦到自己的母亲非常孤单，说明你需要给她打个电话了。其实，梦境可以带来对你很重要的人，这个人可能还活着，也可能去世了，可能现在就在你身边，也可能没有，比如你的爱人、你的心理医生或者你的兄弟姐妹。这一关系在你的梦中延续，是在告诉你更多有关这段关系或者你自己的信息。

不过，一个人出现在你的梦中，还是一个你熟悉的人，更可能是在暗示你自己的某些方面。一位爱八卦的小学同学出现在你的梦里，可能说明你自己爱八卦的一面。梦中的人物也可能揭示自然、文化、宗教中的一些形象，比如老虎、阿佛洛狄忒、父系社会的家长等。

那么你要怎么知道哪些是正确的解释呢？可能你强烈的感觉"啊哈，就是这样的！"但是很可能还有其他正确的解释——梦中的一个人可能涵盖了很多信息。我们举个例子，假如你有一只非常喜爱的小狗，但是你在多年前失去了它。你的精神选择了这只小狗出现在你的梦中，指引你去看到一些自己很难相信但是又困扰着你的东西。你的精神知道你会相信，因为这是你信任的小狗，并且这只狗的出现会让你得到些许安慰。你也许会问自己，为什么**狗**（这一物种的本能）必须要让你看到这一情景？你会发现**狗**的本能或想法——也许是**狗**的忠诚、敏锐的直觉或者"顽强"——恰恰是你所需要的。在这之前，你的梦中总是出现一个场景（也许是一个暗喻），让你一度不敢有意识地去想。

在积极想象中，你可以与你失去的那只小狗交流，也可以去联想狗所展示出的某种本能，或者既交流也联想。你也可以与那个因为失去了心爱的小狗而依然沉浸在伤心中的自己聊天，或者跟那个因梦中场景而非常不安的自己交谈。

积极想象的注意事项

你在进入精神领域时，必须一直怀着尊重和谨慎的态度，尤其在没有心理医生指导的情况下，更要慎重。因为你可能会有紧张的反应，而这一过程也需要更多的控制和指导。如果不加控制，你可能不会有任何进展，因为你的意识会阻止你。但如果你的精神世界跃跃欲试，并被那些本能或者象征性的东西压垮，一定要找位荣格学派的分析师或者心理医生帮助你，哪怕是找一位在积极想象方面有经验的人也可以。

在开始前，我有一些提示：在第二步，即进行积极想象的时候，将想象到的景象随时或者在频繁停顿时写下来会很有帮助。荣格学派中有的人则认为，在想象时记录必定会阻碍这种纯粹的想象。你可能更愿意停留在一个更深层的探索状态，之后再记录所思所想。不管何时记录，都要确保自己尊重这一经历，并且不把它看作是白日梦。所以，我还是建议你手边准备笔和纸，或者电子文档。

与之前一样，你还是可以按照自己的方式进行，但是不要在任务前后什么都不写。我认识一位做事井井有条的女士，她每天起床前半个小时都会根据前一晚的梦进行积极想象，但之后没有任何关于这一内在工作的总结，再后来就忘记了晚上的梦和早上的积极想象这一任务。所以切记，一定要有所记录。

第一步：清空意识，邀请无意识

在开始之前，先了解一下第一步的操作说明吧。积极想象的第一步是，思想要进入一种接受的状态。你需要一个安全且安静的空间——没有电话，也没有人来打扰你。不过你可能也需要周围有可触摸到的东西，这样你会感觉更安全或者更神圣。这些东西可以是一支蜡烛、一张照片、一座雕塑、一束花，或者窗外某个你熟悉的景象。但是最重要的，还是你的内在状态。你可以通过冥想（详情请参阅参考文献，见第385页）来进入这种状态；也可以像第99页所讲的那样，练习腹式呼吸，或者按照第13页讲的，深入身体内部，以期更接近本能的、精神的自我。

准备好之后，就请你的内在精神跟你说话吧。

进入积极想象后，有一种可能是，你想见到的某样东西或某个人已经在你的思想中——就是我们先前寻找的"谁"或"什么"，可能是梦中的一个人。又或许你会想在某个梦境结束的地方重新开始。如果在你即将认识某人、拥抱某人或者遭遇抢劫的时候，梦境恰恰结束，或者你偏偏在将要得到奖励或者坐船即将出发的时候醒来，那么你会很想继续这个梦。如果梦中有人出现，而你又很难看清对方的脸，或者梦中是夜晚，那么这可能是积极想象中一个尤其重要的信息——至少对我来说是，他们代表着无意识中的某些东西第一次出现。

第二种可能是，你想体验从无意识世界冒出来的任何东西——任何思想、情感、感知或者画面。你也可以提出一个问题，等着无意识世界出现有关该问题的画面或者某个人的化身。

你还可以来点更刺激的。想象一个即将发生的情景——比如你到一个森林中去，请一个动物的灵魂来帮助你。你感觉到矮树丛中有什么东西在渐渐靠近，看到黑暗中的一双眼睛，然后停下来，让你的精神继续找，告诉你那到底是个什么动物。

第二步：你的经历或者对话

第二步就是你的内在工作，这一步是从第一步自然过渡而来：你发出邀请，而得到的回应可能是一个声音、一个人或者一个想象的场景。现在你可以回应对方的话，或者采取行动了。只要确保你们之间进行公平的互动——你采取行动，然后精神的无意识也会有所行动或发言，而这不是因你有意识的影响才有的。请你再次注意，这不同于引导性想象法（引导性想象法是你或者其他人规定好所有的行动），也不同于预先设想一个目标或者最终的状态，比如深受尊重，拥有财富或者健康。

我来举个例子。

梦里有位看上去很粗暴的年轻女士，她嘲讽我不敢坐过山车，嘲讽我抛弃所有的朋友，这让我很孤单并且感觉很糟糕。在积极想象中，我阻止了她的嘲讽，问她："为什么对我这么刻薄？"

她回答说，**你让我感到恶心。**（为了便于区分，我建议你将对方的回答加粗。）

就因为我不喜欢过山车？

是，大家都喜欢，唯独你例外。

你想让我跟其他人一样？

是，大家都喜欢，只有你不喜欢。从过山车上往下看，景色多美！头朝下多刺激！

是，很刺激。如果我不去，我猜你也去不了。

她很生气：**我想做什么就做什么，你阻止不了我。**

你说得对，有时候我是阻止不了你。十二岁那年我没能阻止你，所以去坐了过山车，还大病了一场。好像就在昨天我还不能阻止你，你让我看了一场我非常讨厌的电影，只是因为别人都说电影好看，你就要去看。你让我很不愉快。

那又怎样？我讨厌你，讨厌你刻板、懦弱又神经质。

我也讨厌你，讨厌你一定要和一群人在一起，讨厌你一定要证明我很好，"是正常的"。我真的真的很不喜欢你私下认为我很懦弱。

哦，呵呵！

所以我们现在要怎么做呢？我们彼此紧密相连。我阻止不了你，而你也无法摆脱我，我知道你很想摆脱我，但是我们所拥有的是非常敏感的身体。

我也讨厌这个身体。我要离开。

我想你一定很不开心。

很不开心。（她撇嘴。）

有没有什么是你想做，而我也可能会喜欢做的事情呢？

旅行。

你知道我不喜欢旅行，很贵又很累。

是你问我的。那上滑翔课怎么样？

你想去哪旅行？

我想去个不一样的地方。巴厘岛怎么样？

"第三世界"绝对不行——你知道我就算看见一杯自来水都会得痢疾。我们去爱尔兰怎么样？

太太太无聊了。那里太绿，太"英国"。不如去土耳其吧。

旅行，只是一次旅行而已！

希腊吧。这不只是旅行。

成交。

你最好说话算话。

如果在积极想象的过程中思想开了小差，你轻轻把它拉回来便是。如果你能在想象的过程中随时记录，那会更容易。不过也要注意，写的过程会让你的经历不再那么深刻，你可能会觉得这只是在记录一个"平常"的状态。这种情况很少发生，但确实会降低你这次想象的价值，而你想要通过积极想象来解决的问题也会引发争论。

抵抗意识

在积极想象结束后，"我所有的想象都结束了"，这种强烈的想法会向你袭来。这很正常。因为在想象的过程中你会直接跟另一个实体对话，或者进入另一个世界，所以一股强烈的、无可避免的真实感会渗透到积极想象中。就像经常发生的那样，这看起来有些"愚蠢"或者"毫无意义"。我记得有一次，一位心理医生帮我进行积极想象。那次我本该说说打算进行哪方面的想象，但是我确定，那次想象的每分每秒都没有任何画面出现。现在我知道，那次的积极想象是我这一生中最为残酷的一次内在思考。我的意识彻底恐慌起来，并且一直试图分散我的注意力。它确实这么做了。

当抵抗意识萌生，开始质疑你的时候，它也是在提醒你，不管你的积极想象看上去多么肤浅，它至少是你了解自己其他部分的线索。再者，有一天这种抵抗意识消失后，当时看起来肤浅的东西也许会变得深刻。**不要因为你的抵抗意识而评价你的想象，或者评判你自己。**即便是那些对积极想象非常专心的人，也会面对这种抵抗。

你的意识可能会全力抵抗，因为它害怕自己被取代或者被压垮。就算你只与精神世界的无意识部分进行过一次对话，这也会让抵抗意识变得更加强大，因为它会更加害怕。同样的，我们日复一日地拖延与无意识世界建立联系，总是因为"忘记"或者"太忙"。这些可以称为"自我防御"。这些"自我防御"会起到一定作用，你必须想清楚自己要不要强行解决，或者你可以问问内在的自我，因为那也是另一部分的自己。

第三步：有意识地尊重积极想象的结果

如果漏掉第三步，那就前功尽弃了。这一步需要你根据所学内容采取有意识的行动，你可以把这想象成一个神圣的或者必不可少的仪式。因为完成仪式或者某种象征性行为，往往正是最后一步需要的。如果积极想象告诉你，你应该跟你父亲交流，而你的父亲已经去世，那么你可以给他写一封信，然后通过烧给他、放入大海或者其他任何你觉得合适的方式带给他。到这里，这个心理上的仪式就完成了。

然而，积极想象有时候要求你对生活做出大的改变，至少不是只做一些象征性的事情。你可能需要向某人道歉，需要重读一本书，或者需要查阅一个符号的含义。有时艺术行为也能给你提供一个具象的物体来提醒你——你可能根据积极想象的内容画些什么。当然，高度敏感者会频繁地收到提示——他们需要休息以保持平衡。

在积极想象后，你会知道自己要做什么。这时，如果你与无意识世界有了良好的关系，你们彼此诚实（也就是说，你们认真倾听对方的话），那么，你若是在积极想象后没有适当地行动，很快就会有一个梦境或者某种迹象来提示你。

这一步虽然是让你尊重想象的结果并采取确切的行动，但是并不表示你要完全按照你内心那个人所说的去做。无意识世界就像是一种自然力，很强大，但也少了些人情味。相较之下，意识世界就有些弱小，但是同样重要。它是人类特有的成就。意识世界能够很好地平衡你的利益、周围人的利益，以及内在声音的要求这三者之间的关系。如果我不想履行第二步中去希腊的承诺，就要在积极想象中跟尊敬的粗暴女士商量才行。不要假定内在各部分间都彼此了解，也不要认为他们知道外面的世界发生了什么。

我认识一位女士，她在积极想象时有一个非常强有力的男性声音告诉她，离开这个家，离开家人，立刻，马上，把所有这些都抛诸脑后，横穿整个国家到另一个城市，在那里等待后续的指示。她很确定这是上帝的声音，但是感到很忐忑，因为她没有勇气就在当晚遵从所有的指示。第二天晚上，她继续积极想象，想要寻求更多的内心指示，这时，一个非常温柔的女性声音出现，对她昨晚没有离开家，离开自己的丈夫表示赞同，并安慰她说："总有火车驶离车站——总有其他方式解决问题。"她说："可是我违背了上帝。"而这个温柔的女声告诉她："但是你怎么知道我不是上帝呢？"

这就告诉我们两个指导原则：一个是行动前三思；一个是立刻行动。从拖延到完全放弃，真的太容易。如果你并不尊重无意识世界传达的信息，没有为此做任何事，哪怕只是一个象征性的行为，那么你的精神也会背弃你（一段时间），或者提出更强烈的要求。你是在与一个强大的力量协商。当然，你在这些协商中也享有同等的权利。事情总有折中的办法——比如前面提到的那位女士，她可以遵从内在声音，暂时忘却家庭去寺庙里一个人度过周末，但是不必永远离开自己的家。如果没有那个内在声音的强烈要求，这本身就是她可能不会做的事情。

荣格学派有位非常著名的精神分析学者，在每轮精神分析开始前，她都会问前来接受精神分析的人，是否完成了上次分析结束前决定要做的积极想象或者其他事情，这些事情都是有利于重视梦境或者积极想象经历的。如果有人回答没有，那么下次她就不再帮这个人做精神分析。可能每次积极想象最后都要假设自己需要向她报告。我把她的事情写在这里给你们做一个指导，希望你们的思想漫步都能尽善尽美。

回到想象阶段去实践

我在这本书的前面部分就介绍了积极想象，因为我想让大家在往后读的过程中能对此有所了解。这一小节结束后会有一页空白，我把这页空白看成是一个象征性的邀请，是一个我特意为你们准备的空间，你们可以在这里与自己精神世界中被忽视的那部分见面。不管你是将所思所想写在这里，还是写在电脑或者日志里都可以，但我希望这个空间对你而言是安全的、有吸引力的。

现在，我们先来回顾一下之前的步骤：

I. **给自己找个舒适的方式，邀请你的精神世界和你对话。**见面中或者见面后要将这一过程有序记下。你可以通过冥想或者任何你愿意的方式进入自己的精神世界，然后请出你想与之对话的人，或者已经在你面前展现过的东西、场景——比如做过的梦，你想展开它的结尾。我列出了几个在本书中出现过，可能出现在你积极想象中的人：

- 让你不想读这本书或者不想做书中某些任务的人。
- 在"你不喜欢自己的哪些方面——找出原因"这部分，那个发出批评声音的人。
- 开始读这本书后你梦到的人——比如昨晚出现在你梦里的人。
- 你在"冒险队"了解的身体的任何部分。

II. **经历这一过程。**你不必做主导的人，也不必做一个消极的目击者，你只要对所发生的事情有所警觉，并且做出回应就好。你是自己无意识精神世界的共同创造者。当思想开小差或者觉得"这太愚蠢了"的时候，你把它当成一种抵抗，继续做你能做的就可以。

III. **尊重所发生的，**判断自己从中得到了什么样的智慧，并且决定自己要做什么或者不要做什么。

欢迎你在下面的空间写下自己的积极想象。

_____

_____

_____

_____

_____

_____

_____

_____

_____

_____

_____

_____

_____

_____

_____

_____

_____

_____

_____

_____

_____

任务等级：C 级。这是个非常私人的任务，我并不建议大家以小组的形式完成。不过在积极想象完成后，大家可以分享自己的成果。两人组的话，积极想象也许会有不同的形式，叫做声音对话，最好跟有积极想象经验或者有类似经验的人一组，以便得到帮助。参见哈尔·斯通和西德拉·温克尔曼的《拥抱自己》（ *Embracing Our Selves* ）（详情请参阅参考文献，见第 385 页）。

小结：在积极想象结束后，反思自己的整体感受，或者想一想与你共同完成想象的那个人。将感受写在下面。

第三章

善待敏感的自我

高度敏感者要想把生活过得恰到好处、健康又幸福，真的是异常艰难。生活中压力无处不在，再加上身边还有 80% 的人不是高度敏感者，他们有着不同的生活方式。但如果你想象他们那样生活，进而抵抗自己的敏感，那么你的生活将会回到起点：如果你不以敏感者的方式生活，你会遭受很多痛苦。

　　我在前言和第一章说过，过度刺激会导致过度兴奋的精神状态，这种状态让人不适，并且在自己的职业、社交、运动、精神、性生活以及财务方面——凡是你能想得出来的方面都会表现得更差。过度兴奋还会影响你享受当下的能力。因为高度敏感者能发现生活中的很多细微之处并进行深度思考，这就会使我们在某些特定情形下更容易出现过度兴奋的情况。过度兴奋就是我们的阿喀琉斯之踵〔编者注：阿喀琉斯之踵（Achilles' Heel），原指阿喀琉斯的脚后跟，因其是唯一一个没有浸泡到神水的地方，是他唯一的弱点。后来在特洛伊战争中被人射中致命，现在一般指致命的弱点、要害〕，所以我们要掌握方法避免过度兴奋。而如果不慎进入过度兴奋状态，我们要能战胜这种状态，努力熬过去，并从中恢复。

　　我们先来对比一下暂时性的过度兴奋和长期的过度兴奋。暂时性的过度兴奋往往表现为反应出人意料，肾上腺素激增，心脏剧烈跳动，肌肉紧张，整个人随时准备好开战、逃跑，或者会因突如其来的变故而僵在原地。如果你将这种原始刺激视为一个威胁，那么体内就会产生皮质醇。皮质醇又称"压力荷尔蒙"，可以让人更加兴奋。皮质醇会关闭消化系统和其他维稳机能，让身体的整个系统进入紧急需求状态。皮质醇和肾上腺素都会在体内产生，给身体制造一种席卷而来的紧张感，甚至是恐慌感。不过我们先来看看皮质醇——这个长期的过度兴奋的帮凶。

皮质醇在体内停留的时间比肾上腺素要长，从 20 分钟到数小时、数天、数月，甚至数年不等。皮质醇在体内停留这么久对人体并不好，比如说，它会扰乱消化系统，抑制免疫系统，从而使肿瘤增长更快。如果某一天你体内的皮质醇含量过高，那在晚上睡觉时你就会觉得格外疲惫，而且皮质醇会在体内循环往复，让你在深夜失眠醒来，或是在早上醒得过早。皮质醇会让人产生害怕和恐惧的情绪，这时所有的忧虑都会冒出来。如果一个人睡眠不足，且一直处在过度警觉的状态，那这一天他的大脑的血清素就会降低，而血清素含量的降低意味着可能会出现抑郁症的症状。我并无意吓唬你，但是你需要知道长期的过度兴奋对你的影响。

我在这里列出一些过度兴奋出现的迹象，便于你更加了解暂时性的和长期的过度兴奋：暂时性的过度兴奋会引起情绪崩溃和焦虑；脸色潮红；心跳加速；胃部绞痛；肌肉（尤其颈部和下颌处）紧张；容易出汗；记忆力衰退或精力不集中；身体颤抖、协调性差；容易发怒，总是疾言厉色。

长期的过度兴奋则表现为：感到情绪崩溃、茫然焦虑，或是急切地想把一切都记下来；毫无缘由地心悸或胃部紧张；超速驾驶；稍有人耽误了你的节奏便脾气暴躁；明明很累，但又久久难以入睡，甚至严重失眠；总是半夜醒来或是早上醒得过早；肌肉长期疼痛、紧张，但找不到原因；长期头疼；感到绝望无助；比往常更容易哭，甚至毫无缘由地哭；迟钝、呆滞；莫名地感觉筋疲力尽。

不过所有这些迹象都因人而异（甚至因情况而异），所以你还是要了解一下自己的特殊迹象。

长期的过度兴奋显然是一个非常严重的问题。连续不断地经受过度刺激，哪怕是让人愉悦的刺激，都会让你的身体长期处于皮质醇增多的状态。这一章的目的就在于，帮你应对来自外部环境以及自身的刺激，从而解决它们所引起的长期或暂时性的过度兴奋。我希望能给你们提供更多建议，以帮助你们更好地应对这个不太敏感的外部世界，但是每个人的情况都有所不同，所以我无法给出万全之策。不过我们可以将自己的应对之策记录下来，与那些遇到类似情况的高度敏感者分享。这能让你对自己的这一特质多多留意，而这也正是本章的目的所在。本章还会帮你面对自相矛盾的两种态度：一个是接受当下的你，因为你所面临的状况，无论是时间还是地点，都是你必须要面对的（这能让你勇敢地担起当下的责任）；另一个是主动拒绝成为这一状况的受害者，这一状况于他人而言是理想状况，但对你则不是。

盘点并称赞你应对过度兴奋的方法

于高度敏感者而言，过度刺激、过度兴奋以及随之而来的压力都非常不利。高度敏感者总是比他人更容易达到过度兴奋的状态，而所有的高度敏感者都想找到解决之法。你的第一个任务是，留意自己在过度兴奋时都是怎么做的，将你那些特别有效的应对之策列出来。

下面是我想出的五种应对之策，作为给大家热身的例子：

- 如果我因某一种情形而过度兴奋，那么我会立刻离开！我一直都知道自己并不是个例，不过我会在事后道歉。

- 面对他人的请求，我尽量做到思考后再答应——我会说："请允许我稍后回复你。"
- 在休息时间我会谢绝他人的打扰，尤其在经历了高度刺激的一天后，我需要给自己留出更多的时间来独处，从而让这段时间有仪式感。
- 事情过多的时候我会去散散步，我尤其喜欢在树林或近处的水边散步。
- 我用腹式呼吸法（见第 99 页）。

现在列出你的方法吧：

_____

_____

_____

_____

_____

_____

_____

_____

_____

_____

_____

_____

现在，请回顾你所列出的方法，并确认自己现在能正确、恰当地运用这些方法到何种程度。本章接下来的内容就是要帮你提高这几种方法的运用能力。不过**还有一点很重要**，你要提醒自己用已经习得的技能帮助自己。

任务等级：A级、B级或者C级。

小结：从处理方式的广度和风格方面，评价自己处理过度兴奋状况的能力，并记录下你在列出上述方法时学到的东西。将所思所想写在下面。

_____

_____

_____

_____

_____

_____

适度兴奋

我们要控制发生在自己身上的刺激源数量，来让身体所有的组织器官维持在一个适度的兴奋水平。这一点的重要性我已经多次提及。在刺激源不足或者觉得无聊时，大家总是感到不适或者表现很差，而在刺激过度或者焦虑不安时也同样如此。所以每个人都需要保持一个适度的兴奋状态。不过需要重申的是，要做到这点，高度敏感者比非高度敏感者更加困难，因为这需要高度敏感者比周围其他人受到更少的刺激才行。因而我们会更加频繁地陷入一种"太出格"、受到过多刺激的状态，表现得也更像非高度敏感者。我们承担的责任和感受到的愉悦超出了我们的应对能力。（我在第 85 页给大家描述了一些关于长期的或暂时性的过度兴奋的迹象，可以回去再熟悉一下。）

我们也会陷入"太压抑"的状态，害怕自己会过度兴奋，尽可能地保护自己，但也因此切实地感到身体和心理上的不适——因为缺乏刺激源。我们总是说"不"，对事情不抱希望，不愿制定计划、不愿认识新朋友、不愿旅行、拒绝参与新方案。这里也给大家列出一些**过度压抑的征兆**（与过度兴奋一样，这些征兆也因人而异）：总是感到烦躁、无聊，明明不饿却总想吃东西，睡眠过多，饮酒或者服用消遣性药物，沉湎于性生活并希望以此摆脱无聊。活成了一个让人讨厌的人，给身边的人制造麻烦，开始沉迷于白日梦，对自己或生活不满意，嫉妒那些生活更充实的人。

所以你的下一个任务是记录这一天中过度兴奋或过度压抑的次数。这种自我检测是做出改变的第一步。记录不必追求完美，你可以靠记忆力记住这一天的情绪起伏，然后在睡前记录，但要有计划地记录。

你可以将自己的一天自然地分成三到六个部分。一个典型的工作日可以划分成这六个部分：起床准备和到公司的这段时间，上午的工作时间，中午的工作时间，下班前的两个小时至到家，晚上的早些时候，深夜。休息日你可能会睡得晚些，那可以这样划分：起床和吃早餐的这段时间，中午过后的徒步时间，下午的购物时间，和朋友外出吃晚餐的时间，睡前的一到两个小时。

你可以用符号来表示每个时间段的状态，减号表示过度压抑，0 表示理想状态，加号则表示过度兴奋。如果需要，也可以用两个减号或者两个加好来表示极端状态，用一个减号和一个加号表示适度状态。（我就是这么做的。）不过至少需要两天来做样本。第一天你的状态可能是：起床准备和到公司的这段时间为 ++，上午的工作时间为 0，中午的工作时间为 +，下班前的两小时至到家为 ++，晚上的早些时候为 --，深夜为 0。而休息日的一天则可能是：起床和吃早餐为 0，中午过后的徒步为 0，购物时为 ++，与朋友在一起时为 +，睡前的一到两个小时为 0。

这一天结束后你可以给自己这一天的状态算一个平均值。将一天的加号相加，减去减号的数量，再除以 6，就是这一天状态的平均值。我们以工作日为例，这一天共有五个加号，两个减号，相减得三，再除以 6，则最终平均值为 1/2。休息日则为，三个加号，零个减号，3 减去 0 为 3，而这一天分为了五个部分。也就是说，休息日的状态平均值为 3 除以 5 或者除以 6，即为过度兴奋的平均值趋势。

计算过度压抑的平均值时，不要算上你冥想或者睡眠的时间，因为充足的睡眠不算过度压抑的时段。你只需要记录那些你确实感到不适的压抑情绪——无聊、烦躁、无精打采，对自己外出社交或者尝试新事物的次数感到失望，或者在好眠之后又昏昏欲睡。在评估自己的过度兴奋程度时，可以参考第 85 页的内容，不过也许一些特定的事件更能让你记起那些过度兴奋的时刻——需要快速做决定时感受到的压力，被注视时的紧张，以及哭泣的时刻。

不过也别忘了正面的过度兴奋，比如在公开场合得到称赞，收到惊喜等。这些可能只能在你压抑时作为积极、正面的兴奋事件来回忆，或者在本应开心或兴奋但是却不开心的时刻用来麻痹自己。

现在你已经将自己的一天分成多个时段，也计算出了自己的状态平均值，那么在下表的最后一栏，用同样的方式来评估一下你睡前的状态。先看看自己睡得如何，然后你可能需要回顾一下早上的分值——睡眠质量不好常常预示着睡前过度兴奋或者压抑的状态。上床睡觉时如果过度兴奋，则会感到很疲惫，这种疲惫不只是肌肉疲劳或者嗜睡，还要注意一下自己有没有突发的压力征兆（如消化不好、腹泻或者肌肉紧张等），或者极其兴奋、烦躁、疲惫、太累而无法入睡，对明天或者未来感到绝望、焦虑或者抑郁。而过度压抑则表现为：非常想入睡，但是翻来覆去就是无法入眠，总想熬到深夜，因为白天工作效率太低而情绪低落，或者无法享受自己的一天等。睡前测评非常重要，因为睡眠和其他事情一样，都需要一个理想的兴奋水平。

例子：

日期	各时段估值					平均值	睡前总体状况
第一天	++	0	+	++	--	0	0.5	-
第二天	0	0	++	+	0		0.6	0

你自己的记录：

日期	各时段估值					平均值	睡前总体状况

　　一周后，根据记录分别计算出白天和睡前的总平均值。（要得出白天兴奋状态的总平均值，将这一周白天的整体平均值——要确保将一周加号的平均数减去一周减号的平均数——除以天数。而要得出睡前的状态平均值，则要将所有加号的数量减去所有减

号的数量，然后除以天数。）不过也要注意兴奋值的范围，因为如果你的兴奋值各时段都是 0，则代表着你的身体非常舒适，而如果平均值为 0，则说明要有 2 个加号和 2 个减号，也就意味着你的兴奋值起伏较大。

因为我们不会再特意回到这一部分，所以这里做一个有关睡前兴奋的提示：如果你睡前的兴奋平均值超过 0，那你需要多花些时间，保证自己在睡眠时间里情绪稳定。这也就是说，你要在睡前让自己平静下来——哪怕是用些"减法"或者压抑的方法，比如坚持平时的习惯，读读让人心静的书或者重复的内容〔我读的是最新的《国家地理》(National Geographic)〕。早上醒来也要保持心情平和。时间允许的话，我会早早上床，这样即便我久久没有睡着或者半夜会醒来，也能有充足的睡眠时间；或者如果我设了闹钟需要早起，我也能在闹钟响之前自然醒来。睡前习惯是一定要养成的，虽然现在在这种环境下养成睡眠习惯有些困难，但你可以把这想象成一种优雅的生活状态。

任务等级：A 级、B 级和 C 级。这个任务很适合讨论。

小结：再看一下你的兴奋平均值，包括一天之内的变化和每天的变化情况。花几分钟思考，写写你适度兴奋状态下的内心活动。

———————————————————————————————

———————————————————————————————

———————————————————————————————

———————————————————————————————

为达到适度兴奋状态花更多的时间

你接下来的任务是，根据当下的所需读下面一或两个行动清单："多走出家门的建议清单"和"好好休息的建议清单"。根据你前一个任务所得的结果，如果你的兴奋状态往往不太理想，那么我要提醒你，在这个任务结束后我会让你将这些建议付诸实践。如果你的兴奋水平维持得比较理想，那么下面的内容读读就好，或者只读其中对你有益的个别内容，就当是复习。

保持适度兴奋的状态，既不过度压抑，也不过度兴奋。这并不是一个小目标，也不是以自我为中心。它会让你的神经系统运转得更加顺畅，而神经系统的顺畅运转影响着你最核心的体验，因为适度兴奋会很大程度上影响着你的健康状况、幸福感，还有你对身边人的影响。所以，请认真对待。

多走出家门的建议

• 给一个朋友或者你想更深入了解的人打电话，近期就和他见面。

• 如果想避免用自己惯常的方式来应对某个状况或解决某个问题，你可以在最开始的时候找个信任的人帮你把关。

• 如果因为某个具体的原因而害怕与人交往——比如陌生环境恐惧症（害怕到外面的某个地方去，觉得一旦去了，离开的时候就会很难离或者在离开时感觉很尴尬）或者其他恐惧及担心，就像你不愿外出是因为不敢开车，你可以加入一个互助小组或者治疗小组。

- 这是个长期的任务，是一个很大而且很重要的问题：弄清楚，除生活之外，自己还想要什么——也就是说，有什么事情是你在离开这个世界之前想要拼命完成的。如果你一直觉得敏感会让你的目标无法实现，那么试着接受自己的敏感，把它看作一个天赋，并且创造性地利用这一天赋。你要先找出对高度敏感者来说，实现这一目标的第一步是什么。举个例子，高度敏感者可能会选择写信或者写邮件，而不是打电话来获取信息，并且在明确计划前会搜集大量的信息。现在，迈出你的第一步。

- 和你信赖的人聊聊，你为什么没有做自己想要做的事情。请他们只是听听你的心声，然后把你在倾诉时所表现出的情感告诉你，不必请他们给你建议。（第214页讲了他人要如何反射式倾听。）

- 来一场短途旅行——几个小时或者几天都可以。计划一场长期的旅行也可以，但是要尽快付诸行动。

- 克服所有与交通有关的障碍。如果你不会开车（很多高度敏感者都不会），就考虑去学。如果你会开车，但是没有车，可以不时地租一辆。为以防万一，你要习惯乘坐出租车。在陌生的城市，弄清楚它的公共交通系统，然后你就会知道，别人能做到的，你也能做到。如果你觉得飞机吓人，就去坐飞机。总之，坚持做一件事情，即便这件事情对你来说，并非必要，也要坚持，直到这对你来说轻而易举为止。这样，当你去到某个陌生地方的时候，这些就不再是你的兴奋源。另外，熟悉它们的过程会给你带来一种自由的愉悦感，并且给你带来新的机遇，比如认识新邻居，和有趣又善良的陌生人聊天。要知道，任何旅行对高度敏感者而言都非常重要——我们不愿离开"家"这个安全的"霍比特人洞"。我们总是在还没开始时就"预测"到很多事情。"预测"自己会落下或弄丢什么东西，会做错什么事情。"预测"自己会很容易因陌生的环境而过度兴奋，"预测"那种面对危险时的微妙感觉，还有那超出自然状态的速度。这些我都明白，因为这些确实都是给我们造成强烈刺激的主要来源，但是我已经逐个击破它们，只要做的次数足够多就可以了——相信我，你也可以做到。

- 刺激源并不只是外面才有——阅读、看一些有意思的电视剧或者听内容丰富的广播、上网、玩手机、看这本书，都是刺激源。

在下面横线处写下阻碍你走出家门的恐惧（每行写一个），尤其是"愚蠢的恐惧"。然后想象自己的内在有一个睿智的长辈，他对待敏感的小孩很有技巧，他尊重你的每一个恐惧，并给予你帮助。接下来，在每一个恐惧处，写下这位长辈可能会对你说的话。

_____

_____

_____

_____

有计划地让自己慢慢走出家门——一步一步来。在下面横线处写下自己的计划。一定不要跨度太大，一点一点来，并且每一步都要有充足的时间去习惯。不过，第一步就从今天开始吧。

_____

_____

_____

_____

_____

好好休息的建议

- 愿意将如下方法付诸实践（现在，父母或者他人可以成为你的借口）。

  a. 不管你睡不睡觉，都要保证每天有 8 ~ 10 个小时在床上，另外再拿出两个小时的自由休息时间来冥想、沉思或者发呆等（如果有必要，而且你做这些的时候不需要说话的话，也可以在开车或者做日常家务的时候完成），还要有每天一小时的户外运动时间。

  b. 每周有一天完全休息——在家里没有任何事务，也不工作。

  c. 每年约有一个月的休息时间；如果这一个月是不连续的，那就更好了。我们要尊重一个事实：对高度敏感者来说，喜欢工作是最不可能的。

- 拿出你的日程表，把上述时间安排写进去。如果哪个星期你没有按照上述时间度过，接下来的一周一定要补上。如果有类似于公开演讲或者飞行旅行的话，要有额外的休息时间。

- 既然拿出了日程表，给自己安排一次休假吧，最好两周左右，可以让你有足够的时间睡觉，想睡多久都可以。没有什么事情比睡觉更重要。第二重要的应该是那些让你感到愉悦的事：观看一个心灵鸡汤节目，驻足远望，去好吃的餐馆吃饭，到美丽的大自然散步，听音乐或者欣赏艺术。这类休假往往都很便宜——你只需要一间安静的屋子或者订一个淡季的旅馆房间。不过可能还是需要你走出家门。

- 仔细想想什么样的精神体验能让你振奋，将它们安排到你的每天、每周、每季度的日程表中。如果你并不确定，那就花些时间找出来。

- 学会冥想并且让其成为你的日常。我喜欢超验冥想（详情请参阅参考文献，见第 385 页），不过萝卜青菜，各有所爱。

- 练习腹式呼吸。胸式呼吸浅而且不够放松，除非你呼吸很快，否则很难吸入足量的氧气。而你如果使用腹式呼吸法则会放松很多。腹式呼吸并不等同于深呼吸（深呼吸会让你因吸入过多氧气而眩晕）而是让呼吸慢下来。首先确保你在用腹部呼吸——用鼻子吸气，但是要慢慢吸气，然后用嘴巴慢慢向外呼气，就像在吹蜡烛一样。这会让你在下一次呼吸自动启用腹式。这里要注意的是，不要一直用嘴巴向外呼气，只是偶尔一次来调整呼吸就好。

- 在你的房子里辟出一块安全且让人心旷神怡的空间，用来冥想、祈祷、阅读，以及度过其他不想被打扰的放松时光。把这里收拾得漂亮而简单，放些鲜花、蜡烛、熏香、精油等，让这里散发出舒缓的香味。你可能会想从工艺品商店买个喷泉的内部装置，用你以前找来的石头做个喷泉。在鱼缸里养几条金鱼。也可能会买一块天然材质的丝绸或地毯，这样你就可以在上面翻滚或者坐在上面。将你喜欢的茶或者其他饮品拿进来小酌一番。总之，要让你所有的感官都感到愉悦。

- 坚持写日记，这样便于你反思，也便于你从整体上了解自己时间的分配情况。
- 成立一个小组，大家可以分享流水日志或者生活经历。你在难以找到生活的平衡点时，可以让你的小组帮你。
- 跟信赖的朋友聊聊你在寻求生活平衡上遇到的困难。
- 随身携带蛋白质食物——可以是手撕奶酪、熟鸡蛋、奶酪棒、金枪鱼罐头、坚果，或者点心袋大小的白软干酪（一种白色软干酪，用酸奶制成）。（你可以在冰箱里放些冰袋，白天就将冰袋和食物一起放在一个独立的袋子里随身携带。）过度兴奋会损耗血糖，而低血糖会让人更容易过度兴奋。生活节奏太快的话，别说适合的食物，也许任何食物都很难找到。一旦身体工厂关闭，你必然会更难维持适度的兴奋水平，而且可能会陷入越来越多的麻烦。这种情况在30岁之后更易出现。相信我——我曾经历过。
- 了解你可能会需要的营养知识以及膳食补充知识。有关这些内容的书数不清，且还有源源不断的新书出版。切记你要做的是学习近期研究成果，避免膳食的突然变化。记得按时吃这些营养品。
- 随身携带耳塞，以备在嘈杂场合时使用。

- 随身携带一本可以净化心灵的书。我自己喜欢带一本诗歌，它可以给你更广阔的视野来看待自己的需求。
- 每周按摩一次。如果你负担不起这样的费用，可以和朋友一起读有关按摩的书或上有关按摩的课程，然后互相按摩。
- 采用香薰疗法。这只适用于高度敏感者。很多味道，比如薰衣草香，确实可以降低人的兴奋程度。进一步说，如果你将某种味道和平静的心情联系在一起，那么你一闻到这个味道，兴奋程度就会降低。
- 定期和动植物相处，去看看河流，到森林中走走。
- 用音乐或者其他声音来舒缓情绪。
- 注意皮肤接触的东西（衣服、床单、香皂、沐浴露等）如果有手感不好或气味刺激性较大的就换掉，直到找到让你真正舒适的东西为止。
- 想一想生活中让你最有压力的那段关系。这段关系可以通过某种方法来减少你的压力吗？比如设立清晰的界限，表达出你的需求，两人找一个调停人或者顾问，减少与对方相处的时间，见面时让其他人在场，甚至结束这段关系。或者你也可以读一本有关如何与难相处的人相处的书。（详情请参阅参考文献，见第 385 页。）

任务等级：A 级、B 级和 C 级。大家可以一起讨论这个任务。

小结：回顾你在上一个任务中的兴奋平均值以及睡前的兴奋平均值。如果兴奋值都在 0 左右，那么想想刚才你读过的建议清单，在下面写出你的方法以及上述清单的异同之处。如果你的兴奋值总是高于或低于适度水平（0），那么适当参照上述两个清单中的具体建议，写出你打算如何并何时采取行动来改变这一现状。

如果你还没将上述想法付诸实践

如果你总是太"出格"或者太"压抑"，并且还没下定决心要将前述建议清单（或者你自己的想法）中的几项付诸实践，请认真思考原因所在。我意识到有些人对他人负有必须履行的责任，或者如果不长时间工作就无法养活自己。但是你必须非常认真地想想，事实是否真的如此。你身体内部的哪些部分不愿意为了让你保持理想的兴奋状态而做出行动？针对这些部分做积极想象。问问它为什么？如果你认为它给出的答案不够合理，那就再问它，为什么让你一直不停地运转，为什么不让你有充足的休息时间，或者问它为什么让你一直处于过度压抑的状态，让你像生活的旁观者。

即便它拒绝改变的理由看似合情合理（"我只是没有时间"）你也必须用下面的事实与它抗争：你在危害自己的健康和幸福感，而且还会影响你周围的其他组织器官。没有时间？等你因为超出理想的兴奋水平而让自己运转过度——导致生病或者事故，而只能缠绵病榻，那时你就有足够的时间了。

如果这次内在工作没有让你找到你认为真正对你有刺激的行为（也就是说，这是由无意识需求驱动的），那么你应当考虑，去做下心理治疗来帮助自己找到原因，从而改变自己的行为方式。第 255 页的内容会告诉你如何选择一位你能负担得起的心理医生，不过你也必须要将这种改变自己的行为视为投资自己的方式。因为你在最佳兴奋状态维持得越久，你就会越聪明、行事就会越高效、精力越充沛、身体越健康。

身体长期处于理想的兴奋状态的话，还能让你不再拒绝周围发生的事，所以在下面横线处，写下你尚未改变的原因。

任务等级：A 级、B 级和 C 级。通过那些太过"出格"或者"压抑"的事，你们可能会发现彼此间强调的事情有很大的不同，也可以通过这些事来帮助彼此。如果是小组互动的话，有着类似问题的组员可以互相交流一下，其他组员旁听。之后再互换角色。

伞下漫步

很多高度敏感者问我，如何避免被陌生人或者自己不想关注的人的情绪所影响。这个任务就是从这些问题中发展而来的。我们高度敏感者生来就是"接收者"，"天生观察能力强"，能迅速对每一处微小信息做出深层次处理。我们能通过自己的"微妙的能量场"和"心灵感应",清楚地知道对方的意思,那我们要怎么保护自己呢?

保罗·拉德给了我这一任务的灵感。他是一位高度敏感者、心理医生,也是华盛顿特区的励志演说家。他用雨伞做类比,解决了这个问题。你把伞收起来的时候,每一个褶皱中都聚满了水,而把伞撑开的时候,你就会把水都抖掉,就像鸭子抖掉自己背上的水一样。同样地,当你把自己"打开"的时候,你能更好地把身上的包袱抖掉。我对"打开"的定义并不是让你"兴高采烈"(虽然"高兴"对你的情绪也有帮助,但更重要的是,在情绪不那么高涨的时候,你也能让你的雨伞保持"打开"的状态)。"打开雨伞"意味着你要向外界输出信息,而不是接收外界信息。不管你是否说出来,你所传达的信息都是,"嗨,今天真不错,但是我很忙",或者只是"我很忙",如果你经常这样向外界输出信息,那你现在就不是一直接收信息的状态了。

当你的雨伞打开的时候,你的脑海中就有了自己最主要的目的,比如你要去邮局,或去超市的蔬果区。你来这里不是为了知道周围的人发生了什么。除非你主动想要接收信息,否则不要毫无目的地出门。所有人都想得到我们的关注,或者得到我们的理解,因为我们高度敏感者天生充满好奇心。但是高度敏感者的注意力是非常珍贵的,稍不留神就会被浪费。所以你要决定关注什么或者理解谁的感受,不要拿它随便尝试,也不要把这个决定权交给别人。

有流浪者向你讨要零钱?他们总是死死地拽住我们。你可以自行决定对流浪者的态度,并坚持:如果你想的话,你完全可以不回应——这是你的权利。当然你也可以拒绝。或者你可以随时带着一口袋零钱，遇到这种情况就给对方几枚，说一句"一切顺利"，然后走开。

那些销售或者发广告的人呢？如果你今天不打算购物，不要接收这类信息。往前走就好。不要让自己陷入促销中，也不要读广告牌，它们会消耗你的精力。

路上看到有趣的人？那么如果你今天想把自己的精力用在这个有趣的人身上，那就观察他。否则，就不要看向对方。目视前方，走自己的路就好。

一个关于正念或者冥想的词。你可能已经学会了"闻花香"，也即正念，因此再让你停止感受外在世界，你会觉得奇怪或者认为这是不对的。（译者注：正念既包括对内体验的感受，也包括对外在环境的观察。）不过要注意你身体的兴奋程度，告诉自己，你的目标也是一种正念，以此来保护自己的思想。

试试下面的练习，让自己保持向外输出信息而不是一直接收信息的状态。

1.现在或下次走出家门到人群中去，来一次刻意地"伞下漫步"。带着目的出门，昂首阔步地走。想想你要去哪里，做什么。用"我心情不错，但是很忙"的态度面对他人，甚至可以**用行动**来表达："对不起，我今天不在线。"

2.给你的第一次"伞下漫步"打分。1分说明容易做到，10分则表示不可能做到。你的"伞下漫步"有多难呢？_____。记录下你对第一次漫步的观察：

_____

_____

如果你的评分超过 3 分，那么重新试一次，然后再评分。

3. 如果你到了一个新环境后想尝试一下"伞下漫步"，那么你可以在工作不想被打扰时试试，或者在坐着而不是走路的时候试试。给你的这次尝试评分，1 分代表容易做到，10 分代表不可能做到，然后记录下你对这次尝试的观察：

_____

_____

4. 在几周之内尽量多尝试几次"伞下漫步"，培养这种能力并养成这一习惯。这很快就会成为你下意识的行为，然后你就可以不必再想象那把伞了。

任务等级：A 级、B 级和 C 级。你可以和另一个人一起无声地散步，两人都做"伞下漫步"，之后讨论彼此的感受。小组活动的话，可以一起讨论自己的感受。

小结：反思自己在做这项任务时观察到了什么，将观察结果写在这里。

_____

_____

_____

拒绝噪音

噪音，真的是我们生活的烦恼之源，不是吗？我们对声音更加敏感，听得清晰而明了。这不是因为我们的听力更佳，而是研究表明，高度敏感者的听力在输入到大脑的途中音量会增大。和光波不同，声波可以穿透墙壁。眼睛有眼睑，但是耳朵并没有"耳睑"，那我们该怎么办呢？我一直从我能接触到的人，包括一位声学工程师那里，仔细收集各种可以避开噪音的方法。

- **使用耳塞**——用于睡觉时、地铁上，或者音乐声很大的地方。不过我亲爱的、细心的高度敏感者就没这么幸运了。没错，即便戴上耳塞，你们可能还是会听到烟雾警报声（不过这点我不能保证）。你们可以在药店买耳塞——买隔音耳塞，不要买防水的。我自己喜欢橡胶材质的，这种材质的耳塞可以用手指团成一团塞进耳朵，它自己会在耳中慢慢伸展开来。在使用过程中要遵守使用说明，勤更换，如果感到耳朵里有任何异样，就去医院检查。如果想在睡觉时有更加安静的环境，除了耳塞，你还可以在自己"朝上"的耳朵（如果你侧着睡的话）上放一个很轻的枕头。你只需要习惯在翻身的时候移动枕头就可以了。

- **购物时注重静音品质**。家里尽量购买噪音小的家电，尤其冰箱最好是静音的，手机要能关掉铃声。

- **清楚当地的噪音处罚条例**。安静时段往往是法定的。建筑规范也会规定，靠近像高速路这样的噪音来源的建筑物要尤其注重隔音。如果隔壁的声音能近乎可笑地轻易传入你的房间，让你对邻居的生活方式的了解超出预期，那么这栋建筑也许并不合乎规范。你可以通过咨询声学工程师，确认你所居住的建筑物的隔音材料是否符合法律标准，如果不合标准的话，弄明白你可以向谁投诉。

- **注重你住所的隔音**。不管你是房主，还是一个拥有好房东的房客（接下来的建议都会切实地提高你房子的居住价值）。如果你住所的噪音源是在外面，噪音是来自空中，那么隔音策略与防风类似。例如，在靠近噪音一侧的窗户上加装一层玻璃，要确保这玻璃至少有1/4英尺厚，且与已有玻璃之间有足够的空间，并且两层玻璃之间无其他物体。沿着墙缝填塞空隙并且密封，封死这扇窗户。不过你只需要将靠近噪音的这一侧密封即可，另一侧的窗户还是要保留，以便通风或者逃生。只要靠近噪音一侧的门足够厚，而且足够严密，就可以了。

如果噪音是来自内部，那么至少有一部分是结构性噪音——墙、地板和天花板都能成为导体。你可以在有噪音的一侧建一堵新墙，这堵新墙在结构上与旧墙完全分离。这面墙本身也是双层的，中间和朝向你的一侧加入玻璃纤维，这玻璃纤维要由至少半英尺，甚至更厚的石膏板制成。建筑墙体和石膏板之间要设置弹性减震件，以吸收噪音。这里你可以再次请声学工程师给你建议。

- **如果是工作场所有噪音，你可以看看其他人是不是也被噪音干扰。**如果不止你一个人受到噪音干扰，那你可以表示自己的工作效率受到了影响。如果只有你自己认为有噪音，那你就需要有足够的"品行积分"（译者注：品行积分，即布朗尼积分——Brownie points。该术语源于童子军最年轻的团体布朗尼俱乐部，是指通过做一件善事而获得想象中和意料之外的分数奖励），这样你才能要求特殊对待。如果在你的团队中，你是唯一一个可以解决某些特定问题的员工，那么你就有了更有利的发言权，你可以说："当然可以，只要你关掉收音机，我就可以做了。"不过不要幻想公司会关心你，除非你所受的干扰触及到公司的底线，或者影响到你直属上司的职位。所以你也许只能换一份工作，或者戴上耳机听舒缓的音乐。

- **使用"噪音干扰设备"**。这种设备可以屏蔽掉某些特定的、让人恼火的频率（详情请参阅参考文献，见第 385 页），像戴耳机一样戴着它们就可以。

- 用噪音发声器制造白噪音，如雨声，或者你选择的其他声音。不过它们的频率要能干扰诸如鼾声、路过的汽车声、说话声、狗吠声等此类声音。只要你可以在这种白噪音中休息，这对你就会很有帮助（详情请参阅参考文献，见第 385 页）。

- **找一个安静的角落，不管是去餐馆、理发店，还是其他让人放松的地方**。店员通常了解店里比较安静的位置，有些餐厅也开始在店内设置安静区域。就像吸烟一样，噪音时代也在改变：在我居住的旧金山，餐厅评论家可以用铃铛小图标给店里的分贝打分。看电影的时候，如果声音过大，也可以考虑投诉；或者干脆租录像带自己在家看，可以自己控制音量。

- **重新建立你对噪音源的认知**。为什么雨让人镇静，而雨滴却很恼人？多半是因为这种想法深入人心。在我被噪音烦扰，提出安静的要求却不被重视时，最好的方法就是把自己当成噪音受害者，就跟请求对方安静却没得到应有的尊重一样。如果我想要噪音（我是说，我希望这条街上的坑洼得以修整，最后工作人员带着他们的手提钻来了），我会欢迎这种噪音。所以有想象力一点。

去了解并喜欢邻里那些爱吠的狗，试着喜欢喊叫的孩子们。或者给你们一个我的冥想老师给过的建议："大海无法摆脱波浪。"也就是说，我们不是完全偶然地出现在某个地方。手提钻就是你的波浪，你命运的一部分。现在它们是为你修补街道的重要工具，你要更加耐心。

- **培养自己屏蔽声音的能力。**这不太容易，肯定会比"伞下漫步"要难。我也见过完全可以做到这样的人，也有人只能屏蔽部分声音，不过他们都说这是习得的能力。只有真正能做到的人才认为，这和真正的安静一样美好，但同时也会耗费一些他们的精力。

你可以练习一下。找个有人聊天的地方坐着，比如等候室，试着不去听他们说话。你可以决定，就算听到他们的谈话，也绝不让这些信息渗透到你更深的思想中去。或者想点其他事情让自己分心，也可以想象自己旁边有一道虚拟的墙，可以隔开这些噪音。

任务等级：A级、B级和C级。彼此间可以分享自己的方法。

小结：写写你会采取什么方法来减少自己生活中的噪音。同时，你还可以反思噪音对你来说意味着什么，以及在你与噪音斗争时，你对自己有什么认识。

第四章　童年的经历和敏感的形成

把自己的性格特征视为童年成长经历、学习经历，以及生活中所受精神创伤的产物，这一点是心理学教给我们的。而在心理学出现之前，人们认为性格主要是由遗传特征或者后期的"良好教养"决定的。随着研究的进一步深入，我们发现，基因在一定程度上决定了包括高度敏感在内的很多性格特质，于是陈旧的观点正在被推翻。一个遗传特质会对你产生如此大的影响，你应该如何看待塑造你人生的这些因素呢？

任何遗传特质都会对一个人的生活造成很大影响，这一观点有时会让人感到烦扰。因为我们都愿意相信，自己可以改变或者改善自己的性格，而一个对人影响很大的遗传特质，似乎又暗示着性格是难以改变的。事实上，大家就正在研究的诸如"抑郁、焦虑以及羞怯等问题是遗传而来，还是后天养成的？"这一议题，分成了两大敌对阵营。尽管我对性格遗传这方面很感兴趣，但是也绝不支持"所有性格都是遗传而来的"这一观点。虽然基因在性格和心理健康方面明显起着重要作用，但是任何一个愿意倾听他人生活史的心理医生都会发现，成年人的性格、心理健康与某些非常明显的客观生活经历（通常发生在童年时期）之间存在同等甚至更强的联系。简而言之，糟糕的家庭会产生不快乐的孩子和痛苦的成年人。不过我也无法认同"所有性格都是童年时期养成的"这种观点，因为我们一直都能证明遗传的差异性——举例来说，同一个家庭长大的孩子，在尚未有任何经历可以改变他们时，彼此间就已经有了很大的不同。因此，非常明显，真相在这两大敌对观点之间——性格是由遗传基因和童年环境相互作用而成的。可惜因为研究人员的观点存在分歧，所以有关这一中间观点的研究寥寥无几。然而，有那么几位先驱者的研究与你们的生活息息相关，所以值得在此花些笔墨。

梅根·古纳尔已经发现，即便是只有九个月大的婴儿也能察觉到自己的看护人是不是有爱心，而这爱心的程度也影响着他们与母亲分开后的不安程度。只有在与一个从不回应自己，也看似毫无爱心的临时保姆在一起时，他们的唾液才会分泌更多的皮质醇，也就是压力荷尔蒙。古纳尔的研究结果显示，这在敏感儿童那里表现得更为强烈。

还有一点对你们的个人生活更重要。梅根·古纳尔的同事还观察了能从母亲那里得到关爱的敏感孩子，发现这种关爱对他们的日常生活影响巨大。他们还设置了四个高度刺激且新奇的不同场景（里面有活人扮的小丑、小丑机器人，还有木偶表演等），让对母亲有着安全/不安全型依恋的十八个月大的敏感婴儿分别进入，对比他们的反应。研究人员检测了他们体内的肾上腺素（受到突然惊吓而产生的荷尔蒙，任何一个敏感的孩子进入新环境后都会产生）和皮质醇（婴儿在压力和恐惧感下会产生）的含量。你应该能猜到结果，但是如果你初步理解了依恋类型，并思考了自己和看护人的关系，那你对这种结果的认识会更强烈。

通过短期观察婴孩时期和其"最早时期"的看护人（通常情况下是他们的母亲），很容易就能看出一个孩子的依恋类型。有些母亲与孩子相处得非常和谐，而有些则不那么一致，母亲会分心或者对孩子不关心，把自己的需求置于孩子的需求之前。而对于成年人来说，问题就在于，依恋类型很难改变——因为这往往是人在童年时期认为对亲密关系最好的方式，并且这种类型在成年后也会保留下来，除非其他关系推翻了你对可信赖之人的基本假设。

安全型依恋意味着，你有家一般的安全感，这时你会去探索。你把自己的，而不是看护人的需求放在首位。如果你需要摸索，没关系。如果你想靠近对方以寻求安全感和舒适感，这也会被接受。在成年人的亲密关系中，拥有安全型依恋的成年人往往认同下面的话：

我认为自己很容易就能与他人亲近，并且不论是自己依赖对方，还是对方依赖自己，我都感到很舒适。我不太担心自己会被抛弃，或者有人离我太近。

不安全型依恋有两类。焦虑－矛盾型依恋源于看护者看护方式的前后不一致，他们对孩子的探索行为感到焦虑，所以对孩子来说，最好的方式就是不要远离看护人。这一类型的成年人则会对以下内容深有同感：

别人似乎并不想和我这么亲密。

我会担心自己的伴侣离开我，或者不是真的爱我。

我喜欢和一个人非常亲近，甚至形影不离，但这好像会让对方不太舒服。

回避型依恋则源于看护人太忙，而对孩子不够关注——压力过大、身体不适、心不在焉，因太忙乱而对孩子疏忽，或者觉得做某事太危险而不允许孩子做。所以对孩子来说，最好的方式就是与看护人保持距离，避免对看护人有需求或者避免自己打扰他。

有着回避型依恋的成年人会有这种状态：

> 我与别人太亲密时会有一点不自在。
>
> 我不喜欢依赖他人。
>
> 有时别人会想要我更有爱一点，比我自己希望的更开朗一点。

我们回到孩童游戏室。一个敏感的孩子如果对母亲是安全型依恋，那么当这个孩子处于一个高度刺激的环境中时，肾上腺素会有所变化，但是皮质醇含量不会改变。而如果对母亲是不安全型依恋的孩子，他的肾上腺素和皮质醇含量都会有所变化。

包括不敏感的孩子在内，只有50%～60%的孩子对自己的初始看护人是安全型依恋，所以在读这本书的人当中，几乎有一半是在成长过程中没有得到情感上的社交支持的。而这种社交支持是你在学习享受某种乐趣，或者探索新环境时所需要的。与安全型依恋相反，因为你无法信赖你的看护人，所以你总是感到害怕。每到一个新环境，你的身体都会产生大量的皮质醇，也就是说，你的神经系统和整个身体都是在不太理想的环境中发展的。这影响着你看待别人的方式，也影响着你看待世界的方式。

通过研究，我也发现了性格和环境之间的这种相互影响。敏感的孩子在一个良好的环境中，似乎能表现得不错，甚至是超乎寻常的好，但是在不好的环境中，又会表现得超乎寻常的差。

那么在这种情况下，底线很重要：你绝对有必要深入了解一下你的童年经历，以便弄清楚接下来应该怎么做。你性格的优势和问题并不完全归因于高度敏感，也不完全是后天的教养问题所致。这是二者共同作用的结果。厘清哪些是很难解决，但值得花精力解决的问题。高度敏感者在了解性格和生活经历的相互作用后，无论是否有一个不幸福的过去，都能更好地抵抗那些贴在我们身上的负面标签，比如"拘谨""恐惧""反应被动""消极""易得心理疾病"，等等。童年不幸福的高度敏感者更会同情自己，更容易允许自己寻求近在眼前的帮助。因此，当你听到别人（非高度敏感者）的童年并不幸福，甚至比你更糟糕，但却过得"很好"，或在接受了十次心理治疗后就完全康复时，你不会再羞愧地低下头。

评估你幼儿时期的依恋类型

开始评估前你需要做的是，理清楚你的性格和依恋类型对你成年后的影响。你可以就你的看护人（也许是你的母亲）抚养子女的风格，对下面三种情况做一个评分。评分使用 9 分制，1 表示"这种行为跟我父母一点都不像"，9 表示"我父母也是这样对我的"。

_____他可以说很有爱心，也能注意到我的需求，在我需要帮助或者更想独立做些什么的时候，他也能敏感地觉察到。这是一段很舒适的关系——温暖而且积极。每每回想起来，我都感觉很好。

_____他对待我的方式变化很大。我觉得他自己的需求总是先于我的需求。我有时觉得自己能依靠他，但有时又觉得不能。我能感受到自己是被爱的，但总是不确定这种爱该如何表达出来。

_____他基本没有给予我任何温暖。他们不会关注我，甚至有点抵触我。他们总是先满足自己的需求。有时我都怀疑他们当初到底是不是真的期盼我出生。

　　如果第一种情况你的评分是 9 分，说明你在童年时期很可能拥有一段安全的关系。如果第二种情况是 9 分，则代表了焦虑 – 矛盾型关系。而第三种情况如果是 9 分的话，则说明了你与看护人是回避型关系。不过这些陈述都只是刚开始探讨这一问题，肯定会遗漏一些细节。你认为自己在幼儿时期对看护人是怎样的依恋类型呢？可以在这里写下更多的细节。

_____

_____

_____

_____

_____

_____

　　在时间合适的时候，用你在第二章中学到的知识进行积极想象，进入你的意识，然后和那个生活在你适才描述的场景中的孩子对话。问问他那时过得好吗，有什么样的感受，问问如果需要帮助你可以做些什么。这和所有的积极想象一样，需要你认真对待。不过如果你觉得自己确实准备好了，那开始就好。在下面写下你与幼时的自己的对话，或者写写你从中的收获。

_____

_____

_____

_____

_____

_____

_____

_____

_____

任务等级：B 级和 C 级，可以讨论这个任务。

小结：我们总是低估了幼年时期对我们的影响。现在花些时间反思自己的幼年时期，想想那些年对现在的你有何影响，你该如何或打算如何最大化地利用这一塑造了你生活现状的因素。（我知道，如果你在幼年时期过得并不是那么的好，要想象将其转化为优势确实很难，但是研究一下我们称之为"习得性安全"的概念，或者看看那些成年后开始有安全感的人——他们也成了特别懂世故而有趣的人。至少有些回避型的人学会了应对独处，而那些焦虑 - 矛盾型的人也能发自内心地赞赏别人幼时得到的一心一意的照顾。）

_____

_____

_____

_____

_____

重塑童年经历

我们现在的很多自我认知，都是我们自己和他人解读我们童年行为的产物，而自我认知中那些消极的方面，则是源于童年那些我们或他人眼中失败的事情、丢脸的瞬间，或者受到最严厉批评的时刻。你的高度敏感特质几乎总是以某种方式参与到这些事件中。所以，重塑这些经历很重要。

不过，放轻松些。不要在一天之内重塑两件以上的事情。而且，你如果重塑某些创伤特别大的事情，比如对一次性侵犯的反抗（某些数据表明，每三名女性中就有一名受到过性侵犯），而自己又从未有过类似的经验，那你最好在专业的指导下进行重塑。

下面的重塑步骤与前面的"重塑过去"（见第 17 页）相似。选择一个你认为格外有代表性的童年经历，这次经历是你自尊心最受打击的一次。也许就是这一个瞬间对你性格塑造的影响极大，比如第一天去幼儿园压力很大，或者是想在期末考试取得好成绩的类似事件。记住，它可能在某种意义上是非常积极的时刻，比如一个生日惊喜或者第一次骑马，只是你一直不喜欢自己当时的反应，所以需要重塑。

在你了解了自己的特质之后，你应该能够以新的视角来看待这次经历。一开始不要想太多——你只需要想一想，最让你感到不安的事情是什么。不过这样做的风险就是，你可能会因为自己的敏感而变得过度兴奋。

将你想重塑的事情或者一系列事件写在这里。

_____

_____

_____

现在开始吧。按照顺序一步步来，每一步下面都有一个例子，接着是横线处，可以写下自己的想法。

1. 回忆一下你当时对这件事的反应——尽可能多地回忆当时的情绪、行为和一些画面。

> 我很喜欢水，但是却学不会游泳。对我来说，游泳课就是丢脸课。因为我没办法把脸浸入水中，所以总是落后。回家后，我用家里的水槽练习数个小时，可还是做不到。因为其他孩子能做到，所以他们都进入了下一个小组。最后，这个小组会只剩下我自己。然后有人建议我放弃游泳。我了解其他孩子，他们以后也许会把我看成一个奇怪的人，一个最好敬而远之的人。

_____

_____

_____

_____

_____

_____

2. 一直以来，你对当时的反应都有何感受？

> 那只不过是证明我有问题的另一个证据而已。这是我的

问题（我很懦弱），但是却无力改变。这就是我的缺陷。

_____

_____

_____

_____

_____

3. 根据你现在对高度敏感这一特质的了解，再次审视一下自己当时的反应。

　　这些都是因为我的敏感。我讨厌水进入我的眼睛、耳朵和鼻子。（最后是我的私教教会了我游泳——她给了我耳塞和鼻塞。）我怕水是因为父母担心我会溺水。上课的时候我过度兴奋。我讨厌那里的噪音和被水溅湿的感受，而冰冷的水让我比其他人更紧张。至于老师的不耐烦，则成了压垮我的最后一根稻草。对我来说，在游泳课上学会游泳是不可能的。

_____

_____

_____

_____

_____

_____

4. 想一想，如果你和你身边的人那时知道你是高度敏感者，并为此调整了自己的做事方式，那这件事的消极方面会得以避免吗？或者说会有不同的后续发展吗？

　　我觉得完全可以避免，因为在我 13 岁的时候这件事也最终得以改变。一位聪慧的年轻女士给我上私教课。她让我在浅水区捡泳池底部的石头，然后安静地在泳池较深的一端教另一个学生潜水。她从不让我感到羞愧，只是在我成功做到的时候夸奖我。然后她会把石头放到稍微深一点的水域。我的身体在触底后会上升，然后浮到水面。我的儿子也很敏感，他尝试了一节集体游泳课程之后，我就用上述同样的方法自己教他了。他是个幸运的孩子。

_____

_____

_____

_____

_____

　　5. 如果了解了高度敏感这一特质会让你免受当时的遭遇，或者让你的人生中没有这段经历，那么多花些时间想想，你究竟该如何看待这件事。

　　我很难融入那一情绪——她就像另一个人，一个惊恐万分、感到丢脸，却从未大声说出过那些情感的小女孩。不过那确实让人恐惧，每个夏天皆是如此。我现在依然记得当时胃部的恶心感，也知道那件事以及类似事件带给我持续不断的抑郁和焦虑。

_____

_____

_____

_____

_____

6. 写下你对这件事的新理解，并时常返回来读，直到你完全领会了它的意义为止。

　　我以前很正常，现在也很正常。我只是性格与别人不同，这种性格不那么普遍而已。我有些奇怪，但也很有趣，也发自内心地喜欢在水里的感觉。（我一有时间就会游泳，在冬天的旧金山湾也是一样。）我需要得到特别的关注，需要被称赞，可是没有人知道。总之，我需要有成功的经历，这样才能并且不再因自己敏感的行为而感到羞愧。如果我父母能早点知道有关敏感的知识，那我就可以不必经历这么多的痛苦。不过至少我因为敏感而成为了一个比别人更有激情的人。

_____

_____

_____

_____

_____

任务等级：B 级和 C 级。利用第十一章的知识所成立的小组将会在第五次课上做这个任务（见第 374 页）。

小结：思考自己从中学到了什么，将自己的总结写在第 25 页上。

重塑青春期

现在我们来重塑青春期那些让你最痛苦，最有可能改变你人生的时刻吧（还是要提醒你，在没有专业指导的情况下，第一次不要自行重塑那些重大创伤）。经过研究，我发现青春期是高度敏感者最难捱的时期，所以需要格外的注意。其他研究则表明，羞怯往往从这一时期开始。

在这写下你希望重塑的一件或一类事情。

> 我意识到，对于要成为一个所谓"成功"的青少年，我通常的反应是，这意味着喜欢跟很多不同的男生有性体验，而我做不到这点。我想重塑自己当时的反应。

_____

_____

_____

_____

_____

我们开始吧。

1. 回忆一下你当时对这件事的反应——尽可能多地回忆当时的情绪、行为和一些画面。

那是第一个有亲亲游戏的聚会。我早就忘记了。我的一个童年玩伴提醒我说,当时我离开了。之后我想起来,之所以离开是因为我知道自己做不到跟别人接吻。那次聚会一开始,我马上就看到所有的青少年们,男孩们都跃跃欲试地想要跟女孩们接吻,我也想让自己喜欢这种事,同时又想阻止这种事,我无法确定自己什么时候想跟别人接吻,或者什么时候拒绝跟别人接吻。在那些日子里,怀孕对我来说好像是比死亡还可怕的东西。这成了我的一个心病。之后不久我就有了男朋友——他比我大很多,特别瘦,我想除了他,我不会再想跟其他人在一起。那时我 13 岁。跟他在一起时感觉很安全,最后我们还结婚了,只是为了避免与陌生人发生那些让我恐惧的性行为。

_____

_____

_____

_____

_____

2. 一直以来,你对当时的反应都有何感受?

在那之前,我从未理解过我的第一次婚姻,或者说与他的这段长期关系。我认为这更能证明我出了问题——这次是自卑。我悲观地认为自己跟他在一起是因为,除了他没有其他人愿意跟我在一起。

_____

_____

_____

_____   _____

_____

_____

3. 根据你现在对高度敏感这一特质的了解，再次审视一下自己当时的反应。

　　因为敏感，我一直都觉得，性是深奥、神秘、有力的——也许是因为我比聚会上的那些孩子更敏感。我的敏感还让我了解到，性有掠夺性的一面——男孩们想要记录自己性行为次数的不良行为。我无法相信那些男孩的动机是纯正的，但又害怕如果拒绝会伤害到他们的感情，因此我唯一的安全方法就是我所采取的方法——离开。

_____

_____

_____

_____

_____

4. 想一想，如果你和你身边的人那时知道你是高度敏感者，并为此调整了自己的做事方式，那这件事的消极方面会得以避免吗？或者说会有不同的后续发展吗？

我不知道。如果那时有人理解我，帮我认识喜欢我的男孩；如果大家可以公开地谈论性，并且允许我没有性体验（我不必因此而觉得自己是胆小鬼）——也许事情会有所改变。

_____

_____

_____

_____

5. 如果了解了高度敏感这一特质会让你免受当时的遭遇，或者会让你的人生中没有这段经历，那么多花些时间想想，你究竟该如何看待这件事。

我想在一定程度上会更好——我会以自己的节奏接受性启蒙。不过我的婚姻确实很不幸福，我真的希望，这样的不幸福没有发生在我和我丈夫身上。我对他感到抱歉，最后我还是伤害了他。

_____

_____

_____

_____

6. 写下你对这件事的新理解，时常返回来读，直到你完全领会了它的意义为止。

我的敏感肯定影响到我的性生活，让我害怕并仓皇逃跑。没有人帮我克服敏感，克服性生活的障碍，我只能尽自己所能。我没有精神失常，在两性之事上也很正常，也并非毫无魅力。我只是高度敏感，仅此而已。

_____

_____

_____

_____

_____

_____

任务等级：B 级和 C 级。

小结：思考自己在人生这一阶段学到了什么，将自己的总结写在第 25 页上。

来自父母的经验

你的性格会在很大程度上影响你面对新境况和新生活时的风格，而你处理这些新境况以及掌控自己性格的具体方法则在很大程度上源于你的父母。面对生活的挑战时，如果你觉得处理得很好，那就把它当作自己的一个优势。若是想要改变，那么告诉自己这些行为是从别处学到的，则会对你更有帮助。因为这样你可以清晰地看到这些行为不属于你，而你可以做出彻底的改变。

这一章接下来的任务是将两组相同的问题重复三次，也就是说，你可以就自己生活中的三个不同方面做三次这个任务。第一组问题是关于你面对生活中该方面的挑战时，你的父母（或者其他在这方面对你影响最深的人）说过或做过什么。第二组问题是关于你面对生活中该方面的挑战时，你对自己说了什么，或采取过什么措施。你最好在同一天完成三个方面的第一组问题，然后在第二天完成第二组，并对两组进行比较。（在这整个过程中，我都会提醒你。）

生活中的第一个方面

1. 下面是一个挑战清单，读完后在清单底部的横线上写下你想探索的生活领域。从中挑选出三个（你如果愿意，之后可以了解更多），或者找出你想了解的其他方面。

• 体育技能和冒险，如学习骑自行车或者开车。

• "陌生人"技能和冒险，如与陌生人相处、独自旅行或者到自己所住的社区之外去。

• 学校和工作技能，如选择自己想学的内容或者想追求的事业，全身心地投入其中，完成任务，承担新的责任，不要偷懒，但也不要太累。

• 与老师或者其他有权利的人打交道，对他们给的反馈做出回应，为自己发声。

• 社交活动，如加入俱乐部，与他人一起进行体育活动，参加聚会，感受那种得到朋友认可的欢欣。

• 社交领导才能，如公开演讲、表演或者竞选办公室职位。

• 两性关系或者恋爱关系，如处理约会或者性骚扰，了解自己的性冲动，公开回应与性有关的事情。

• 决定或发展自己的亲密友情。

• 独自或与他人一起娱乐、发展爱好或者冒险。

我生活中面对的挑战有：

_____。

2. 在回答问题时你想到的人是谁——在这方面影响你最深的人（母亲、父亲、父母两人、祖父等），把他写出来：

_____。

3. 这个人是怎么对待你在这一方面想尝试的事情的，回答下面问题，并在每个行为或态度的旁边打分，1 分是很少，2 分是有时，3 分是经常。

_____ a. 哪怕我只是冒一点小小的风险，也要对我表现出极大的关心——不停喊"小心！"

_____ b. 在我做事失败、没有或者不应该冒险时，会以我的身体状况（除过度兴奋的敏感特质外）为借口替我开脱。

_____ c. 在一定范围内，告诉我他们相信我可以做的或者认为我需要做的。

_____ d. 不许我冒险。

_____ e. 对我做的事情漠不关心。

_____ f. 试图一点点把我带进新环境，每一步都给我充分的时间去适应。

_____ g. 强迫我做我不愿意做的事。

_____ h. 如果我做不到他们所期望的程度，他们就会非常生气。

_____ i. 经过我同意后，会给我报课外班，或者给我找些学习方法让我学习某个新事物。

_____ j. 让我参加我并不想参加的课程。

_____ k. 无视或忽略整件事情。

_____ l. 如果我没能做到某件事，会用食物或礼物安慰我。

_____ m. 认为我不如别人。

_____ n. 从积极方面如实地比较我和他人——以此来建立起我的自尊心。

_____ o. 用我的优点与他人做比较，虽然我知道这样做不对。

_____ p. 批评我的决定。

_____ q. 我做了有利的决定时，会称赞我。

_____ r. 很少干涉我的决定，但是看上去很担心或者不满意。

_____ s. 针对我的问题，向专业人士咨询建议。

_____ t. 经过我允许后，与他人谈论我的事情。

_____ u. 不经过我的允许就与他人谈论我的事情。

4. 另找一天做步骤 5 ~ 7。现在去做第 136 ~ 138 页上"生活中的第二个方面"的步骤 1 ~ 4。

5. 给下面所列的行为打分，1 分是你很少做上一个方面提到的事情，2 分是有时会做，3 分是经常做。

_____ a. 哪怕只是冒一点小小的风险，我也会觉得很害怕。

_____ b. 在我做事失败、没有或者不应该冒险时，我会以自己的身体状况（除过度兴奋的敏感特质外）为借口替自己开脱。

_____ c. 相信自己的决定和做决定的方式——我的判断、理由、直觉，甚至是"内在的声音"。

_____ d. 不冒险。

_____ e. 不会全盘考虑事情。

_____ f. 试图一点点进入新环境，每一步都给自己充分的时间去适应。

_____ g. 强迫自己做不愿意做的事。

_____ h. 如果做不到自己所期望的程度，我就会非常生气。

_____ i. 会找课程、老师或者相关书籍来学习如何处理这种状况。

_____ j. 即便不愿意，也强迫自己按指令行事。

_____ k. 试着不去想这件事。

_____ l. 如果没能做到某件事或者觉得自己做不到，就会用食物、饮料，或者给自己买东西来安慰自己。

_____ m. 认为我不如别人。

_____ n. 积极地同他人比较，找出自己真正的价值所在。

_____ o. 注意到自己的优点，或者听到别人称赞我的优点，但怀疑是不是真的这样。

_____ p. 总是在做决定后批评或怀疑自己。

_____ q. 以自己的决定为傲。

_____ r. 总是对自己或自己的决定感到焦虑、担心或者不满意。

_____ s. 向专业人士咨询建议。

_____ t. 仔细选择可以在这件事上支持我或者指导我的人，

跟他谈论这件事情。

_____ u. 跟任何愿意倾听的人谈论这件事，哪怕他们并不可能帮助到我。

6. 将你在步骤 5 中的答案与步骤 3 中相应问题下父母（或你在步骤 2 中指定的人）的行为进行比较，如果自己的行为和父母对你做的行为一致，就在步骤 5 的该条目旁写上"相同"，如果你们的行为相反，那就写上"相反"。

7. 重读第二组问题，在你认为有利于你面对挑战的问题前画个星星，不管你对这个问题的答案如何。看一下星标问题中你真正会做的（也就是评分为 2 分或者 3 分的）有几条，在下面画线以便你后续再看。希望你做的和你认为自己应该做的相差不大。稍后详述。

现在做第 138 ～ 139 页上的"第二个方面"的步骤 5 ～ 7。

生活中的第二个方面

1. 写下你想了解生活中的哪一个方面（参照第 132 ～ 133 页上列出的清单，或者自己选择）。

我生活中面对的挑战有：

_____。

2. 在回答问题时你想到的人是谁——在这方面影响你最深的人（母亲、父亲、父母两人、祖父等），把他写出来：

_____。

3. 这个人是怎么对待你在这一方面想尝试的事情的，回答下面的问题，并在每个行为或态度的旁边打分，1 分是很少，2 分是有时，3 分是经常。

_____ a. 哪怕我只是冒一点小小的风险，也要对我表现出极大的关心——不停喊"小心！"

_____ b. 在我做事失败、没有或者不应该冒险时，会以我的身体状况（除过度兴奋的敏感特质外）为借口替我开脱。

_____ c. 在一定范围内，告诉我他们相信我可以做的或者认为我需要做的。

_____ d. 不许我冒险。

_____ e. 对我做的事情漠不关心。

_____ f. 试图一点点把我带进新环境，每一步都给我充分的时间去适应。

_____ g. 强迫我做我不愿意做的事。

_____ h. 如果我做不到他们所期望的程度，他们就会非常生气。

_____ i. 经过我同意后，会给我报课外班，或者给我找些学习方法让我学习某个新事物。

_____ j. 让我参加我并不想参加的课程。

_____ k. 无视或忽略整件事情。

_____ l. 如果我没能做到某件事，会用食物或礼物安慰我。

_____ m. 认为我不如别人。

_____ n. 从积极方面如实地比较我和他人——以此来建立起我的自尊心。

_____ o. 用我的优点与他人做比较，虽然我知道这样做不对。

_____ p. 批评我的决定。

_____ q. 我做了有利的决定时，会称赞我。

_____ r. 很少干涉我的决定，但是看上去很担心或者不满意。

_____ s. 针对我的问题，向专业人士咨询建议。

_____ t. 经过我允许后，与他人谈论我的事情。

_____ u. 不经过我的允许就与他人谈论我的事情。

4. 另找一天做步骤 5 ~ 7。现在去做第 140 ~ 141 页上"生活的第三个方面"的步骤 1 ~ 4。

5. 给下面所列的行为打分，1 分是你很少做上一个方面提到的事情，2 分是有时会做，3 分是经常做。

_____ a. 哪怕只是冒一点小小的风险，我也会觉得很害怕。

_____ b. 在我做事失败、没有或者不应该冒险时，会以自己的身体状况（除过度兴奋的敏感特质外）为借口替自己开脱。

_____ c. 相信自己的决定和做决定的方式——我的判断、理由、直觉，甚至是"内在的声音"。

_____ d. 不冒险。

_____ e. 不会全盘考虑事情。

_____ f. 试图一点点进入新环境，每一步都给自己充分的时间去适应。

_____ g. 强迫自己做不愿意做的事。

_____ h. 如果做不到自己所期望的程度，我就会非常生气。

_____ i. 会找课程、老师或者相关书籍来学习如何处理这种状况。

_____ j. 即便不愿意，也强迫自己按指令行事。

_____ k. 试着不去想这件事。

_____ l. 如果没能做到某件事或者觉得自己做不到，就会用食物、饮料，或者给自己买东西来安慰自己。

_____ m. 认为我不如别人。

_____ n. 积极地同他人比较，找出自己真正的价值所在。

_____ o. 注意到自己的优点，或者听到别人称赞我的优点，但怀疑是不是真的这样。

_____ p. 总是在做决定后批评或怀疑自己。

_____ q. 以自己的决定为傲。

_____ r. 总是对自己或自己的决定感到焦虑、担心或者不满意。

_____ s. 向专业人士咨询建议。

_____ t. 仔细选择可以在这件事上支持我或者指导我的人，跟他谈论这件事情。

_____ u. 跟任何愿意倾听的人谈论这件事，哪怕他们并不可能帮助到我。

6. 将你在步骤 5 中的答案与步骤 3 中相应问题下父母（或你在步骤 2 中指定的人）的行为进行比较，如果自己的行为和父母对你做的行为一致，就在步骤 5 的该条目旁写上"相同"，如果你们的行为相反，那就写上"相反"。

7. 重读第二问题，在你认为有利于你面对挑战的问题前画个星星，不管你对这个问题的答案如何。看一下星标问题中你真正会做的（也就是评分为 2 分或者 3 分的）有几条，在下面画线以便你后续再看。希望你做的和你认为自己应该做的相差不大。稍后详述。

现在做第 141 ~ 143 页"第三个方面"的步骤 5 ~ 7。

生活中的第三个方面

1. 写下你想了解生活中的哪一个方面（参照第 132 ~ 133 页上列出的清单，或者自己选择）。

我生活中面对的挑战有：

_____ 。

2. 在回答问题时你想到的人是谁——在这方面影响你最深的人（母亲、父亲、父母两人、祖父等），把他写出来：

_____ 。

3. 这个人是怎么对待你在这一方面想尝试的事情的，回答下面的问题，并在每个行为或态度的旁边打分，1 分是很少，2 分是有时，3 分是经常。

_____ a. 哪怕我只是冒一点小小的风险，也要对我表现出极大的关心——不停喊"小心！"

_____ b. 在我做事失败、没有或者不应该冒险时，会以我的身体状况（除过度兴奋的敏感特质外）为借口替我开脱。

_____ c. 在一定范围内，告诉我他们相信我可以做的或者认为我需要做的。

_____ d. 不许我冒险。

_____ e. 对我做的事情漠不关心。

_____ f. 试图一点点把我带进新环境，每一步都给我充分的时间去适应。

_____ g. 强迫我做我不愿意做的事。

_____ h. 如果我做不到他们所期望的程度，他们就会非常生气。

_____ i. 经过我同意后，会给我报课外班，或者给我找些学习方法让我学习某个新事物。

_____ j. 让我参加我并不想参加的课程。

_____ k. 无视或忽略整件事情。

_____ l. 如果我没能做到某件事，会用食物或礼物安慰我。

_____ m. 认为我不如别人。

_____ n. 从积极方面如实地比较我和他人——以此来建立起我的自尊心。

_____ o. 用我的优点与他人做比较，虽然我知道这样做不对。

_____ p. 批评我的决定。

_____ q. 我做了有利的决定时，会称赞我。

_____ r. 很少干涉我的决定，但是看上去很担心或者不满意。

_____ s. 针对我的问题，向专业人士咨询建议。

_____ t. 经过我允许后，与他人谈论我的事情。

_____ u. 不经过我的允许就与他人谈论我的事情。

4. 现在停下吧。另找一天去做第 132 页上的"生活中的第一个方面"以及第二、第三个方面的步骤 5 ~ 7。

5. 给下面所列的行为打分，1 分是你很少做上一个方面提到的事情，2 分是有时会做，3 分是经常做。

_____ a. 哪怕只是冒一点小小的风险，我也会觉得很害怕。

_____ b. 在我做事失败、没有或者不应该冒险时，会以自己的身体状况（除过度兴奋的敏感特质外）为借口替自己开脱。

_____ c. 相信自己的决定和做决定的方式——我的判断、理由、直觉，甚至是"内在的声音"。

_____ d. 不冒险。

_____ e. 不会全盘考虑事情。

_____ f. 试图一点点进入新环境，每一步都给自己充分的时间去适应。

_____ g. 强迫自己做不愿意做的事。

_____ h. 如果做不到自己所期望的程度，我就会非常生气。

_____ i. 会找课程、老师或者相关书籍来学习如何处理这种状况。

_____ j. 即便不愿意，也强迫自己按指令行事。

_____ k. 试着不去想这件事。

_____ l. 如果没能做到某件事或者觉得自己做不到，就会用食物、饮料，或者给自己买东西来安慰自己。

_____ m. 认为我不如别人。

_____ n. 积极地同他人比较，找出自己真正的价值所在。

_____ o. 注意到自己的优点，或者听到别人称赞我的优点，但怀疑是不是真的这样。

_____ p. 总是在做决定后批评或怀疑自己。

_____ q. 以自己的决定为傲。

_____ r. 总是对自己或自己的决定感到焦虑、担心或者不满意。

_____ s. 向专业人士咨询建议。

_____ t. 仔细选择可以在这件事上支持我或者指导我的人，跟他谈论这件事情。

_____ u. 跟任何愿意倾听的人谈论这件事，哪怕他们并不可能帮助到我。

6. 将你在步骤5中的答案与步骤3中相应问题下父母（或你

在步骤 2 中指定的人）的行为进行比较，如果自己的行为和父母对你做的行为一致，就在步骤 5 的该条目旁写上"相同"，如果你们的行为相反，那就写上"相反"。

7. 重读第二组问题，在你认为有利于你面对挑战的问题前画个星星，不管你对这个问题的答案如何。看一下星标问题中你真正会做的（也就是评分为 2 分或者 3 分的）有几条，在下面画线以便你后续再看。希望你做的和你认为自己应该做的相差不大。稍后详述。

最后两步——对上述三个方面都有益

8. 看看标星和画线的几项，这些都是有利的，而且是你切实做过的事情。如果该条目旁写着"相同"，那就相信你父母对你的教养方式；如果写的是"相反"，那就相信你自己能克服一些不好的行为，并在做事情的时候认真思考这是你有意识的选择，还是无意识的反应（因为你在压力下可能会向"相同"投降，所以后者是一个更冒险的情形）。

9. 看看你没标星的，以及你做过但是没有标星的几项——这些就是你想要改变的地方。如果这几项旁边都是"相同"，那你此前的一些行为就需要停止。如果这几项旁边都是"相反"，那你需要问问自己原因。每个问题都有太多要说的，不过最基本的一点是，如果你的行为与标星那一条相反，说明你在抵触一些有益的观点。也许这抵触只是单纯的抵触，因为如果你按照父母的期望做了，那么意味着他们最终完全掌控了你的生活。

任务等级：B 级和 C 级，可以讨论结果，不过你首先要独立完成这项任务。

小结：写下你从这次任务中学到的东西，以及你决定如何改变自己处理新境况或者新挑战的方式。

_____

_____

_____

_____

_____

_____

了解你的内在小孩

关于内在小孩，我们已经说了不少。就我个人而言，我知道我的内在小女孩是一个独立的人，讨厌所有敏感话题下的不适宜的喧嚣。不过我无法证实这一潜在想法的真实性。当然，我们在每个年龄段都对自己有不同的认识。如果我们在与这个内在小孩打交道时没有把他当成最值得尊重的顾问，那真是很愚蠢的，而且对这个孩子也很无礼。

为什么要倾听我们的内在小孩

我们，尤其是高度敏感者的内在小孩都极其有智慧。当童年的不幸福感再度袭来时，他们会向我们发出警告，和我们一起玩耍，并强烈感知到一件事情或者一样东西对我们好还是不好。如果这还不能说服你，想想你是否有时觉得好像有一个非常孩子气或者有强烈需求的"人"占据了你的生活。他们能做到这样。有时即便是稍稍被招惹，我们也会突然表现得像个生气的、被抛弃的、被骂的、受到惊吓的或者羞愧的孩子。可如果你认真倾听这些敏感的小孩，跟他们稍微沟通下，他们就不会让这些感觉充斥你的生活。你们可以商量一种双方都能接受的生活方式。

我们要如何跟这些内在男孩或女孩联系呢？他们会出现在我们的思想中、"孩子气"的幻想和行为中，尤其会出现在我们的梦中。我们还可以通过积极想象与他们沟通，这一点在第67页第二章中说到过。

你梦中的小孩

我们梦中的小孩是怎样的呢？起初我的内在小女孩以小动物的形象出现，我想她可能是有些害怕而不敢出现——或者她认为我无法应付这样的场景。接着她以最虚弱的形象出现——生病时、被虐待时、痛苦时、死亡时的样子。现在我知道，她不是为了吓唬我，而是为了引起我的注意，告诉我——她和我，我们陷入了麻烦。

不过任何一个梦的最重要之处可能都在于，是否能感受到那种情感。梦中的人物情感表达得越强烈，或者某种情绪本应表达得更强烈，但却没有表达出来（比如梦中有人悲惨死去，但是其他人却无动于衷），你就越需要关注这个梦，关注你在现实生活中是不是压抑了这类情绪，或者这一情绪在一定程度上支配了你。

梦中孩子的年龄也暗示着与你现状有关的现实生活中的年龄。所以如果梦中的你七岁，那要问问自己七岁的时候发生过什么。也许那一年祖父去世，或者你转校。不管你首先想到了什么，都常常代表着你想要的某种联系。梦中的场景也很重要——这是梦的主题。举个例子，如果梦到童年时期的家庭，可能预示着这个梦与你的家庭动态有关；梦到教室，可能表示你当下的学习进度；而梦到在国外，则说明你可能在一个陌生的环境中。

　　女士会梦到小男孩，男士也会梦到小女孩。每个人都有必要认真想想每个这样的梦出现的原因。正如我在第二章中提到的，如果你认识这个男孩或女孩，那这个梦可能与他们有关，不过也有可能是这个孩子与你有些相像。如果有男士梦到自己刚出生的小侄女遭到遗弃，说明他不愿意看到自己在某种意义上像婴儿一样被遗弃。做梦人通过让梦里的孩子以"别人"的面貌呈现，来逃避这个孩子就是自己的事实。总而言之，当你梦到自己的某一部分以异性形象出现时，说明它所暗示的我们与我们认识的自己或能成为怎样的自己大相径庭，特别是再考虑到我们对自己性别的看法。举个例子，一位女士可能第一次梦到一个活泼、自信的小男孩，然后就开始变得更加自信，因为这个男孩代表了那个年纪尚轻，还在成长的自己，而这个自己从她和她的女性观点来看，还很陌生。或者一位男士可能会在梦到一个精致而可爱的小女孩后开始意识到自己的敏感。因为这个女孩就是他自己的一部分，而对他来说，这部分尚不能以男孩的形象示人。

　　梦到很多玩具，或者梦中所有东西都比自己高大，这也是你的精神在以很谨慎的方式将你的内在小孩介绍给你。

你的任务

你的任务是和你的内在小孩取得联系、恢复联系或者初次认识。如果是初次认识，最好准备充分。你们之间不是只有泰迪熊和音乐盒。你们其中一方或者双方可能会感到有矛盾，甚至是有敌意。我记得我与我的内在小女孩初次认识时，就有一种难以抑制的冲动（说出来很难相信）我竟然邪恶地想胖揍这个小女孩，当然是在我的想象中。现在我知道了，我只是讨厌作为孩子的我——作为一个"太过敏感"的孩子的我。最近我还梦到自己是个很忙的男士，因为小女孩挡了我的路而把她溺在水中。这样不太好，但是我们都有自己的障碍！

再次重申，如果你因此太紧张而进展不顺利，请寻求专业心理医生的帮助。

你有两种与你的内在小孩沟通的方式：

- **通过积极想象，邀请他与你对话**。如果你需要更进一步，那你可以问他，现在谁对你不满意，或者谁最受高度敏感的影响，抑或你在第122页重塑事件中的那个人是谁。

- **研究你做过的某个关于孩子的梦，从前述提到过的角度（这个孩子的情绪、年龄、出现的背景或者场景）认真思考**。你还可以结合积极想象和完成梦境这两种方式，通过积极想象来完成一个梦境，这样就可以把积极想象和完成梦境这两项任务结合在一起。

记录你的积极想象或者完成梦境的内容。写在下面。

_____

_____

_____

_____

_____

_____

_____

_____

_____

_____

_____

_____

_____

_____

_____

_____

_____

任务等级：C 级。

　　小结：给你在积极想象或者梦境中遇到的孩子发一条信息，向其表达出你对他的尊重、爱，以及想要帮助他的意愿，并且告诉对方你会保密——保证你绝不会和不信任的人谈论他。如果你不得不做些你内在小孩不喜欢的事情，那你还可以告诉对方，为什么有时候事情是这样的。这对你以后与他的谈话非常重要，因为你肯定会做他不喜欢的事情。生活不是一直开心的。也不要假设他知道你知道的。不过也要倾听他的回复，如果你觉得这回复有些悲伤，那就带着同情心去做一下折中或妥协。衷心祝愿你们的关系良好。

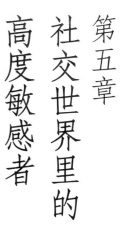

第五章
社交世界里的高度敏感者

有 30% 的高度敏感者是外向型人，他们在社交生活中往往能舒适自如。不过所有的高度敏感者都会在社交场合中过度兴奋或者压力过大，这也是为什么 70% 的高度敏感者会选择成为内向型人——也就是说，我们为什么选择避免参加集体活动，避免与陌生人接触，尤其会避免进入大型、嘈杂或者正式的场合。我们只是在避免过度刺激。（外向型人在成长过程中常常接触这类场合，所以对这种环境比较熟悉，而且能让自己感到舒适，但是他们仍然需要更多独处和安静的时间来恢复精力。）

这种避免与陌生人接触，避免参加集体活动的模式存在的问题就是，这可能会成为一个永久问题——羞怯以及社交恐惧。所以，尽管我没有将敏感与羞怯画上等号，但这一章的目的还是重塑可能发生在我们所有人身上的羞怯，以便我们以高度敏感者的方式来应对它们。这一章还让你以自己的敏感特质为切入点，重新思考那些社交的"失败瞬间"，从而整体提高自己的社交技能。

羞怯发生的四个原因

在我们的文化背景下，理想的性格恰与羞怯相反，要非常的外向，并且不是那么敏感。不过事实是，几乎没有人能做到理想状态。因此，40% 的人（包括很多非高度敏感者和很多高度敏感者在内）都认为自己是羞怯的人。

你有时会感到羞怯的一个原因是，你想拥有非常外向的理想性格，而这种性格几乎没人认为自己能完美拥有。第二个羞怯的原因可能是，童年时期未得到充分的关爱，过得不好。我发现羞怯跟抑郁、焦虑一样，相比童年生活同样不幸福的非高度敏感者，高度敏感者成年后更容易成为羞怯的人。你可以想想在第四章开头读到的梅根·古纳尔的研究，以及她提出的三种依恋类型，便能看出：不安全型依恋的人更害怕遇到陌生人，也更害怕被评判；不安全型依恋的高度敏感者更易因过度兴奋而分泌更多的皮质醇，这使他们在尽力"表现"得善于交际时，又出现了额外的问题。具体来说，焦虑－矛盾型高度敏感者会表现得很想靠自己来应对社交场合，所以在社交场合与人见面时，他们不得不保持较高的兴奋度。回避型高度敏感者也许会以过度刺激为理由为自己辩解，而选择离开社交场合，并且表现得好像与人交往对他们来说一点都不重要——这必然会让他们没有朋友。然而他们私下里可能会不开心，或者觉得自己有什么问题。毕竟，我们都是"社会人"。

　　第三个原因是经过研究得出的事实——痛苦的社交经历是导致羞怯的一个常见原因，而这种经历经常发生在青春期。很多人都能回忆起自己变得羞怯的那个瞬间，而这些人中又有很大一部分人可能是高度敏感者。最后一个原因，我将其称为"无意识羞怯"（也即不知不觉间变得羞怯）。社交场合会让我们高度敏感者接收到过多刺激，然后过度兴奋，所以我们在那些场合下既不聪明，也不是社交能手。如果我们不知道过度刺激是导致我们羞怯的一个原因（通常只是一个吵闹或者刺激源很多的环境），那么下次面对这种场合时，我们会更紧张，表现得更坏，再下次甚至会害怕。慢慢地，我们开始避免这种场合，由于社交技能渐渐生疏，我们在这种场合中会更加不舒服。我们自己以及其他人也会开始全面评判我们"很害羞",或者"回避社交场合",或者"社交恐惧"。

在这四种情况中,敏感在你的羞怯中扮演着很重要的角色,甚至是唯一的影响因素。下面是我针对高度敏感者的"羞怯"困扰而提出的解决方法。

三种态度对抗羞怯

1. **不再给自己贴羞怯的标签**,也不要让其他人给自己贴。这一标签有太多负面含义,而且听起来像是给人下定论。你并不是生来就羞怯的人,而且每个人都会有羞怯的时候,所以你自己以及他人都要停止这种想法,不然这只会让你更羞怯。

2. **要记得过度刺激会导致过度兴奋**,这才是根本问题。这种感觉有点像恐惧或者羞怯,但二者并不相同。在你过度兴奋的时候,不要把自己的这种反应称为恐惧或者羞怯。有时候,"我们恐惧的正是恐惧本身"。所以在社交场合中,你可以看下自己能否将恐惧解释为过度兴奋,并以此降低自己的兴奋值。

3. **停止期待那些难以实现的理想状态**:不要再期望自己在社交场合中能像外向的非高度敏感者那样表现,而是要欣赏自己的内向性格给社交场合带来的贡献。比如说,你的朋友很可能会因为你的敏感而感谢你:你是一个很好的倾听者,尤其在谈论到一些困难,或者说到与失去和死亡等相关的话题时,你会让人感到更放松,也更能提供帮助。

在这一章的后面我们还会讨论羞怯，但是接下来的任务是给外向的高度敏感者准备的。毕竟，每个人都有社交失败的时刻。

解析你社交失败的时刻

在生活的各个方面，我们都需要回看那些失败的时刻，看有哪些行为是可以改进的。你不必修正那些做得很好的部分，只要集中精神修正那些不太好的部分就可以了——还有那些通过仔细观察能做得更好的部分。

想一想最近几次在社交场合中与他人谈话时，你觉得自己表现笨拙、语无伦次，或者被嫌弃的时刻。

描述其中 1 ~ 2 个时刻：_____

_____

现在浏览一遍下面列出来的情景，看有哪些是发生过的。

☐ **那个人看上去不太想和你说话。**这是让人非常恐惧的事情，不是吗？别人会对你评头论足，你会觉得自己不够好。这是造成羞怯时刻的本源。

第一，你确定别人真的是在谈论你吗？

第二，吸引力不是时刻都存在的。它更常发生在两个相熟的人之间，因为你属于某一小部分人，与聚会中的大部分人都不相熟，尤其是在社交聚会中，可能几乎没有与你合拍的人。

第三，即使一个人不想跟你聊天，那又怎么样？你能取悦所有人吗？或者这会不会是一个绝佳的机会，让你不再那么在乎这些？

第四，也许这的确重要，因为这种情况似乎经常发生，并且不止一个人对你这样。这似乎一定是你的错。但是，请不要妄下这种结论。研究表明，受羞怯困扰的人认为别人不喜欢他们的情况比实际情况多得多。

我们来假设你做错事的某个时刻。首先，你可以得到反馈和指导来提高自己的社交能力。心理学方面有很多书都是关于社交技能和羞怯的，在你所在地区还可能有心理医生可以提供小组治疗，帮你解决所需的社交技巧问题；有的是一些课程，甚至是有关羞怯的临床治疗（详情请参阅参考文献，见第 385 页）。

如果你已经尝试过学习这种技能但没有成功，也许你可以想想，这是不是某种类型的依恋问题（见第 119 页）。两种不安全型依恋的高度敏感者都会把他人拒之门外——一种带着"极度需要"的微妙信息，另一种则带着"谁在乎"的微妙信息。无论是哪一种，接受单独的心理治疗都是最有效的。它可以帮助你与信赖的人建立一种安全关系——这个人在你学习信赖的过程中不会介意你的过度索取和冷淡，而且在你与他人建立关系时，他还能给你提供支持和帮助。同时，跟你在上一章接触到的内在小孩说好，不管是好是坏，都请他不要在你初次结识某人时出现。对于不够了解你的人来说，内在小孩的需要太多了，而对方并不知道，这不是你的全部。

□ **那个人当时不想和任何人说话。**你从没想过这种可能，是吗？如果是他本身不想跟任何人说话，那就不是你的问题，不是吗？

  想一想你自己有多少次没有心情与人交谈。有的人会常常陷入这种情绪中，并且在与他人交谈时表露出这种情绪，你有过这种情绪但未曾表露出来，是因为你不想伤害到别人。或者他们以为自己并未表现出"我不想说话"的情绪，因为他们不像你这么敏感，所以注意不到自己也正表现出那种在别人身上出现过的情绪。这种状况出现的原因会有轻微差异，可能在对方很忙或很累的时候出现，或者在一段很多人都在接近他，并且有所求（比如作者在新书签售会上）的时期出现。不要把别人"我想一个人待着"的情绪归因到自己身上。

□ **真正不想说话的人其实是你自己。**尝试做你确实不想做的事情就像逆水行舟——当然会"失败"。你的任务不在于社交，而在于内心——理清自身内在的冲突，让你想的和你做的同步。

□ **你只是想不到要说什么。**这不是什么大事，很容易就能做好——下次与人交谈前做好准备工作。下一个任务会说到这个——闲谈。

□ **你一直在说话，不停地说，最后会觉得尴尬、羞愧、不合时宜。**这种情况有几个原因可以解释。第一，可能有人在"采访式"聊天，因为他不想说话，所以你让别人来掌控局面。既然你知道了自己的状态，这样做是可以的。

或者对方对你非常感兴趣。虽然你并不习惯，但也没什么。

或者你是在和一位非高度敏感者聊天，而他只是被你的世界观惊住或者不知所措。这时你意识到从非高度敏感者的角度来说，你说的话太不靠谱了。不过这也没关系，罕见才说明珍贵。

也有可能和你聊天的也是一位高度敏感者。我们往往能让彼此不知所措，并且在事后才意识到。我们习惯了非高度敏感者在场，却忘了高度敏感者也会在，并且他们会以我们并不期望的敏感方式回应别人的话。

你也许会在这次交谈中进入一种"过度的情绪反应"，或者称之为"情结"。情结就是你对某个话题有着很高的情绪能量、强烈的情感或者白热化的观点。每个人都会有各自的情结，第八章我们会谈到很多关于情结的内容。情结是很个人的东西，但是其存在的背后又隐藏着"原型"（即一种普遍存在的本能），这种"原型"给情结提供强大的能量。当你们之间的对话能量渐趋加强时（这从声音中尤其能感觉出来），你知道自己陷入了某种情结中，或者对方陷入了某种情结中，所以如果你或者对方或者你们双方的情结被触发了，你们两人都会聊到停不下来。你感到自己有一点失控，就像下坡的时候速度太快而难以控制。比如你们聊离婚的话题，因为你可能正在离婚；你们聊童年不幸的话题——如果你也有不幸的童年的话；或者关于性别的话题。之后你几乎不可避免地发现自己说得太多了，超出了自己想说的内容，担心对方会不会有了正当的理由来评判你。

有些情结并不是那么个人化，反而更具集体性质，更适合用来聊天，只是聊天内容会因为观点尖锐而带了些危险气息。宗教和政治是亘古不变的话题，最近则有虐待儿童以及压抑记忆的话题。不过这种对话也有男女差异。流产、灾害、谁最近做了手术或者生了孩子也会与情结背后的原型有所碰撞。如果在聊天过程中，双方就某事有一致意见或者相同的经历，那聊天会更让人愉悦，不过之后双方都会觉得有些不对劲。

承认你在对话过程中有些异样情绪，并对自己说："从这些异样中很明显可以看出我还完全不能处理这种情绪。"这种承认有时可以让对方安心，并且你们的关系也会比这件事发生之前更深。对话中的情结甚至可以成为你的"朋友"——但有些朋友还是离开更好。

当你陷入一种情结中，想要从中抽离出来并优雅地掌控它时，你需要做一些练习。如果你人生中有过精神创伤，那最好小心避免陷入到自己的人生故事中。其实，研究者发现，辨别不安全型依恋者的一种方式是，带着同理心与对方谈论童年时光。这时，"安全型依恋者"往往会直接告诉你，"回避型依恋者"会说不记得，"焦虑-矛盾型"的高度敏感者则会滔滔不绝。我认为，如果只让亲密朋友知道你个人的故事的话，这会让你感觉好些。

☐ **对方滔滔不绝，你觉得有些厌烦。**女士和内向型人尤其会发现这点。我们认为，如果礼貌倾听别人说话并提出问题，对方很快也会问我们问题，并回以同样礼貌地倾听。但有些人则有不同的方式。对他们来说，打断别人的话很正常，并且觉得从你的话中切入会显得他们非常友好和自信。对付这种人的方法就是，让自己更强势。他们会喜欢你这样，起码不会介意。而你可能也会被自己惊到，然后觉得这种感觉还不错。不管怎样，要求时间平等是你的权利。

□ **对方跟你聊了一会就借故走开了**。一个人退出聊天的原因有很多，而你通常都不知道到底是为什么。面对这种场景你要做的就是，假设一个让你高兴的理由，然后不再深究。

更好的方法是，你先一步离开。我是认真的。我们高度敏感者在聚会上总是很愿意一场谈话无止境地继续下去；或者在一场对话自然而然走向结束的时候，我们总是不知道该如何优雅地离开。

你可以提前想好解放你们彼此的托辞。比如，"吉，跟你聊天真的很享受，但是我想去吃点东西了"。这会让人觉得你很自信。

□ **对方很粗鲁，而且好辩，伤害到了你**。这是别人的错，与你无关。如果你对这种态度或行为极其敏感，那也不是性格缺陷或者失败。这就是本来的你。有着良好教养的人不会在谈话中说出伤害别人的话，更不会故意为之。他们尊重每个人在性格、观点、脾气上的差异，并且会在谈话中给别人表达的空间。你可能做的与别人不同的事情是，确保对方知道你此刻受到了伤害，而你不喜欢被这样对待。

任务等级： A 级、B 级和 C 级。大家可以分别讨论自己社交失败的时刻，分享自己的经历和观点。

小结： 你在这个任务中有所收获吗？如果有，就再反思一下，让自己更好理解这些内容，然后把自己的观点写在下面。

_____

_____

_____

_____

_____

识别闲聊模式

高度敏感者总是不喜欢社交场合的闲谈或者聊天。这会让我们觉得无聊，而且这也不是我们擅长的，因为我们陷入话题陷得太深、太快。我们太容易紧张了。只是知道自己要在哪一时刻进行闲聊，对我们并无太大帮助。我们不习惯如此，也不知道说些什么。如果我们彻底陷入兴奋状态的话，就真的完全不知道说什么了。所以，虽然听上去有些蠢笨，但是对我们高度敏感者来说，要取得一场闲聊的成功，我们需要做一些准备。

根据聊天对象和你自己的情绪，预先摸清聊天模式会对你很有帮助（这一方式适用于高度敏感者，不过非高度敏感者也会这样做）这样你可以根据聊天对象和你的情绪，把聊天方式引导成对你最恰当的模式。这也会让你把自己的"雨伞打开"，保持警醒，而不是只是倾听。所以首先你需要阅读下面这些闲聊模式，然后试着在谈话中练习。

这里可能会说到真诚。你可能会觉得，引导一场对话或者在还没见到对方之前就准备好交谈内容，似乎不够真实。这只是一种方式。如果你能在现场表现得真实，当然最好。如果一点事前准备能带来一场长一点的对话，并且有机会确认你们是否喜欢彼此，那至少这个事前准备是有真实目的而且无害的。坦白说，我认为高度敏感者很难让人了解，但是值得被了解。所以给对方一个了解你的机会，如果对方也是高度敏感者，那就是给你们双方机会。

你掌控聊天，"采访"对方

有一种聊天模式是，你问对方问题，然后倾听对方的回答。这种模式是最简单的，不过你会觉得无聊，还是从中得到启发，则很大程度上取决于你问的问题。学会这一技能的技巧就在于提前准备适宜的问题——一些有关个人，但又不是太隐私的问题。你还要提前组织好问问题的措辞，这样对方才不会只是简单地用"是"或"不是"来回答问题。带着些小智慧的问题（再次重申，要提前想好）会让对方觉得这次的对话是值得的。我用的一个问题是："对于你不想去的聚会，你会怎么拒绝呢？"

也有人会问："你看起来很开心（当然，也许对方并不开心），最近一切都好吗？"接下来可以引出对方的工作以及家庭生活——总之，任何你想问的。

"我一直在看那个（油画、插花、树、对方穿着的外套），想知道究竟是哪里吸引了我。"

"像这样脱离工作让我觉得自己需要更多的休息时间，但我一直都没想好自己想要什么样的假期——你近来有什么感觉不错的休假方式吗？"

"自从想到这一点，我就一直好奇你是怎么看待一部新上映的电影或者一个热门话题的。"

努力试一下吧。

致那些认为闲聊很困难的人：

在下面写三个你可以问陌生人的问题，这些问题可能会让他们给你一段有趣的回复。你也可以尝试在脑海中对他们的回复做一点补充，这样你会更愿意做这件事。

致那些在大多数场合都能熟练闲聊的人：

想一个让你焦虑或者羞怯的人或者场景，回忆或者预判你与这个人或者在该场景中的对话。在下面写下三个专门要用于该场景的问题，然后试着就每一个问题想象一下对方的反应，并做出补充。

问题 1:_____

_____

你的补充:_____

_____

问题 2:_____

_____

你的补充:＿＿＿＿＿＿＿＿＿＿＿＿＿＿＿＿＿＿＿＿＿＿＿＿

＿＿＿＿＿＿＿＿＿＿＿＿＿＿＿＿＿＿＿＿＿＿＿＿＿＿＿＿＿

问题 3:＿＿＿＿＿＿＿＿＿＿＿＿＿＿＿＿＿＿＿＿＿＿＿＿＿

＿＿＿＿＿＿＿＿＿＿＿＿＿＿＿＿＿＿＿＿＿＿＿＿＿＿＿＿＿

你的补充:＿＿＿＿＿＿＿＿＿＿＿＿＿＿＿＿＿＿＿＿＿＿＿＿

＿＿＿＿＿＿＿＿＿＿＿＿＿＿＿＿＿＿＿＿＿＿＿＿＿＿＿＿＿

在这种"采访"模式的聊天中,你会了解到很多关于对方的信息。这也就意味着,你有机会赞美对方。大家总是喜欢收到真诚的赞美。研究表明,让别人感觉不真诚是非常过分的事情。那么,说什么呢?试试说,"这真的是我这一周以来听到的关于这个话题或者这部电影最有趣的观点了。你是电影评论家吗——所以才有如此深刻的见解?或者是有其他原因吗?"

写下三种有创意的称赞。如果需要,想象一下你最近遇到的或可能要遇到的一个陌生人,并想一想适用于那个人或者当时场景的称赞。

1.＿＿＿＿＿＿＿＿＿＿＿＿＿＿＿＿＿＿＿＿＿＿＿＿＿＿

＿＿＿＿＿＿＿＿＿＿＿＿＿＿＿＿＿＿＿＿＿＿＿＿＿＿＿＿＿

2.＿＿＿＿＿＿＿＿＿＿＿＿＿＿＿＿＿＿＿＿＿＿＿＿＿＿

＿＿＿＿＿＿＿＿＿＿＿＿＿＿＿＿＿＿＿＿＿＿＿＿＿＿＿＿＿

3.＿＿＿＿＿＿＿＿＿＿＿＿＿＿＿＿＿＿＿＿＿＿＿＿＿＿

＿＿＿＿＿＿＿＿＿＿＿＿＿＿＿＿＿＿＿＿＿＿＿＿＿＿＿＿＿

对方"采访"你

你可以培养的另一个技能是,在谈话中引起对方的兴趣,让对方不断对你提问。这一技能的优势在于，你不会感到无聊，而且在你试图建立关系网时，应该也需要别人了解你。这一技能的技巧在于，你可以预先准备出让人感兴趣的话，这样可以让对方问你更多的问题。如果你利用自己的敏感、创造力和直觉思维，并保持主动而不是被动，也可以将话题转到你最感兴趣的方向，哪怕是聚会上的食物。你可以说，"这食物太棒了啊——简直是备赛的完美食物"，或者说，"这里的食物很好吃啊——我的肠胃肯定很满意"，还可以说，"这里的食物都很精致啊——我要把这桌子上的食物都拍下来放进我书里"。

想三个你很有话聊的话题，要足够新颖以能引起别人的兴趣——也就是说，那些你有所了解，但是别人未必知道的话题。这常常源自你的工作或者爱好。在每一个话题后，写下你能想到的让人感兴趣的话，作为在恰当的停顿时不知不觉插入话题的引子——任何想聊天的人都能接住并聊下去的话。

话题1:＿＿＿＿＿＿＿＿＿＿＿＿＿＿＿＿＿＿＿＿
＿＿＿＿＿＿＿＿＿＿＿＿＿＿＿＿＿＿＿＿＿＿＿

引导性评论:＿＿＿＿＿＿＿＿＿＿＿＿＿＿＿＿＿＿
＿＿＿＿＿＿＿＿＿＿＿＿＿＿＿＿＿＿＿＿＿＿＿

话题2:＿＿＿＿＿＿＿＿＿＿＿＿＿＿＿＿＿＿＿＿
＿＿＿＿＿＿＿＿＿＿＿＿＿＿＿＿＿＿＿＿＿＿＿

引导性评论:＿＿＿＿＿＿＿＿＿＿＿＿＿＿＿＿＿＿
＿＿＿＿＿＿＿＿＿＿＿＿＿＿＿＿＿＿＿＿＿＿＿

话题3:＿＿＿＿＿＿＿＿＿＿＿＿＿＿＿＿＿＿＿＿

排球式闲聊

最困难和最有收获的对话方式是那种唇枪舌战式的对话，这种对话超出了前述两种对话的简短形式（前述两种对话不管是你"采访"我，还是我"采访"你，都是聊工作或生活安排、最近休的假、看过的电影等，在这种聊天里双方都不会专注地倾听彼此）。这种排球式对话在浪漫喜剧里比比皆是——因为这是编剧坐在马里布（译者注：马里布以其美丽独特的海滩风光和很多好莱坞明星居住于此而闻名）的公寓里晃荡着双脚，想出的这些对话，而不是在对手最近发布的诙谐评论所带来的压力下说出来的。他们不会在聚会上即兴说这些话，当然，很多高度敏感者也不会。

如果关系特殊，你会发现自己还是想进行这种唇枪舌战式的交谈，而不是自己大段大段的独白。你可能会爱上一个有趣的人，或者跟他建立了友谊，又或者只是很喜欢跟这样的人在一起。显然这对话是不能预先排练的，不过开场白可以提前想好，就像你练习排球的发球一样。

试着写两到三个能引起一段深入对话的开场白：

"这真是今晚最有趣的事情——你一进门我就强烈感觉到，我们今天一定会有交集。"

"我一整晚都在等一个机会和你聊天。你看着有一点孤单。我觉得你说的话总是那么，嗯……吸引人。"

"老实讲，我常常会想到你，而这种时候我想我是真的想你了。"

开场白1: _____

_____

开场白2: _____

_____

开场白3: _____

_____

在脑海中就其中一个开场白展开对话。如果对你有帮助，你也可以想象成一个非常浪漫或者戏剧性的电影中的场景——也许是一个两人初识便发现对方很有趣的场景。

想象的对话: _____

_____

_____

_____

_____

_____

_____

_____

群体式闲聊

对高度敏感者来说，群体式闲聊很难，因为我们习惯于深入处理接收到的信息，但是这类闲聊往往太快，或者我们只是在听和看的过程中就接收到足够的刺激源，早就忘了自己开口说话。那些有点自卑、羞怯，或者在家里、学校或工作场所被批评过的高度敏感者，在这种场合里很难开口说话。其他人也可能会懒得说太多，因为这显得太兴奋了，反而不能引起大家的注意。

群体式闲聊时，首先要知道沉默不会让你成为隐形人。相反，你的沉默恰恰会让别人注意到你。所以如果你想让其他人认为你在这场闲聊中没有不适应，并且想让他们忽略你，就适时地说些无伤大雅的话。在这种多人聊天中，每个人的发挥空间有限，但是大部分人都希望自己能引起别人的注意——所以你把说话机会让出去会让他们很高兴的。

而如果你想在这场闲谈中让别人注意到你，那就先保持安静，看聊天的进展。之后其他人会好奇你会说些什么，这时一个状态很好的高度敏感者就是道德参谋，说出的话都浸润着发人深思的道理。

第十一章会专门讲述群体。不过这里的任务是帮你在每一次聚会中投入更多，也收获更多。想一想你最近参加过的这种群体式闲聊，仔细回顾当时可能发生了什么。然后就下面的这些角度做笔记。

- 你认为当时的闲聊中隐含着什么内容。例如，如果话题是与离婚有关，也许当时有一位你认识的人刚刚离婚，你注意到她很沉默，或者她表达的观点很犀利。
- 在这种情况下你可能做了什么或说了什么，对你或者大家都有所帮助。
- 如果你没有做，原因何在？

_____

_____

_____

_____

_____

_____

任务等级： A级、B级和C级。这三种聊天模式最好两人或小组练习。如果你们是小组的话，也可以分成两人一组。设置一个时间（5～10分钟）然后花些时间在整个小组中讨论自己的经历。

小结： 将自己看成一个"社会人"，想想自己从这些任务中学到了什么，写下你的结论。

_____

_____

_____

_____

重塑你的羞怯时刻

　　下面的步骤与你在"重塑过去"中了解到的类似。想一想你在社交中曾感到很羞怯、非常不自在或者尴尬的时刻（每个人都有这样的时刻，只是我们很难记住这些——这种场景一旦发生，我们总是努力尽快忘记）。如果有那么一件事或者某个时刻造就了你在社交中的自卑，那么就选那件事或者那个时刻进行重塑。这不只是"社交失败的时刻"，还可能是塑造了你是谁的关键时刻。它可能是一件事，比如在你想演讲时却语无伦次；也可能是一类事情，比如每次你需要正式展现自己的时候，像给别人做自我介绍时。

　　这个经历应该是那种你在了解了自己的特质后，最终能以一个全新视角去看待的事情。不过一开始不要考虑这些——你只要想一想那个最让你不安的一件事或者一类事情，即便这个事情看起来与你的敏感无关。而事实是可能有关系，因为你当时过度兴奋了。

　　在这里写下你想重塑的羞怯时刻。

现在开始吧。这次我没有给出例子，我想你已经知道该怎么做了。

1. 回忆一下你当时对这件事的反应——尽可能多地回忆当时的情绪、行为和一些画面。

_____

_____

_____

_____

2. 一直以来，你对当时的反应都有何感受？

_____

_____

_____

_____

3. 根据你现在对高度敏感这一特质的了解，再次审视一下自己当时的反应。

_____

_____

_____

_____

4. 想一想如果你和你身边的人那时知道你是高度敏感者，并为此调整了自己的做事方式，那这件事的消极方面会得以避免吗？或者说会有不同的后续发展吗？

_____

_____

_____

_____

5. 如果了解了高度敏感这一特质会让你免受当时的遭遇，或者会让你的人生中没有这段经历，那么多花些时间想想，你究竟该如何看待这件事。

_____

_____

_____

_____

_____

6. 写下你对这件事的新理解，并时常返回来读，直到你完全领会了它的意义为止。

_____

任务等级: A 级、B 级和 C 级。

小结: 反思自己在这次重塑中学到了什么,对作为"社交人"的自己有什么新的认识。在第 25 页上写下你的总结。

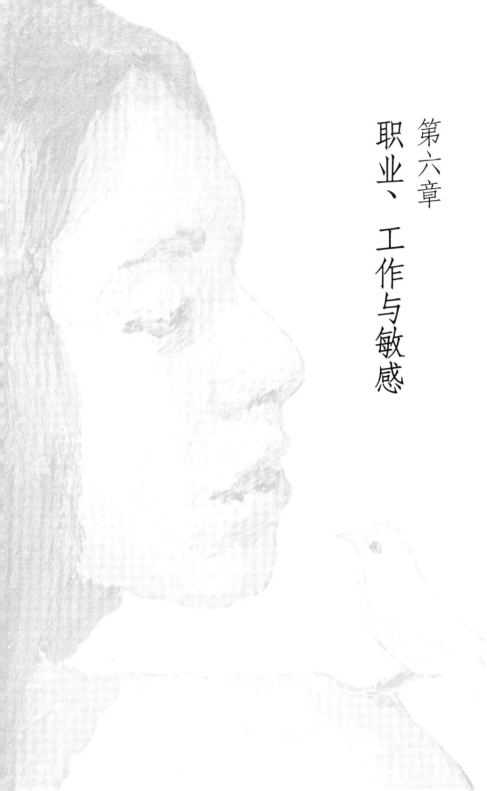

第六章

职业、工作与敏感

对高度敏感者来说，找到一个让自己感到身心舒适的工作环境，真的是个挑战。我们比他人更难想清楚自己到底想要什么，因为会有人告诉我们应该擅长什么或者应该做什么；我们自己也会试着模仿别人，或者会尽力容忍那些对高度敏感者来说难以容忍的事情。所以我们在适应自己的工作或职业时常常比别人更慢。这也意味着，我们可能会比别人更频繁地换工作或者改变自己的职业。

在这期间犯一两个错误没什么，因为这是你的人生，也只有你能判断自己是否在这个星球上找到了适合自己的工作。我希望这一章能在这个难题上帮到你。

高度敏感者的职业使命感

使命感通常是能感染你、"召唤"你的工作。如果你想听浪漫一点的表述，那就是，你"为它而生"。对高度敏感者来说，它通常来自有道德参谋性质的工作。

能通过自己的使命赚钱养活自己，甚至能在"让自己最幸福"与"世界最需要"的交汇地带找到一份工作，并能从中获得不错的报酬，这真的是件极幸福的事情了。不过很多高度敏感者很难找到这一交汇地带。就拿很多艺术家和音乐家来说，他们发现这个世界不会为他们的使命付报酬，除非他们去做些在他们看来非常商业化的事情，或者违背自己本心的事情。有时你知道自己是为一个特定的职业而生，但是近来的实践告诉你，这条路压力很大（很多护士和教师都这么说过），或者你没有时间接受进一步的培训，因为你需要抚养孩子或赡养老人。这些都是让人伤心的遗憾，也可能是你未来人生中需要克服的障碍。

高度敏感者的工作场所问题

有些人为了谋生，不得不做自己不甚喜欢的工作，也许只能把自己真正追求的使命作为兼职。但如果工作场所让人愉悦，那任何工作都会让人快乐。研究发现，跟同事相处愉快是工作满意的最大原因。对高度敏感者来说，能在家或户外工作，或者在某个自己想居住的地方工作，也足够让我们对自己的工作满意。

不过，很多高度敏感者的工作场所都让自己不甚愉快。因为，高度敏感者与众不同——我们能为公司做出特殊贡献，也有一些特殊的需求，但这些需求都是很容易满足的。所以，我们看起来与他人并没有什么不同。而且在当今这个对性格缺乏了解的社会氛围中，如果我们宣称自己与众不同，大家就会觉得我们很奇怪、爱发牢骚或者傲慢无礼。如果我们只是想用其他工作方法，而没有向众人解释，那大家就会告诉我们这样做是"错的"，或者是"无效的"。所以这并不完全是你个人的问题，而是一个社会问题——你得不到理解和欣赏。

说白了，我们的特质只是一个"职场员工多样性"的问题而已（这在现在的人力资源管理领域是一个热门话题）而且这个问题在职场上往往比性别或种族多样性更有意义且不可避免。从生物学角度讲，我们高度敏感者确实是与众不同的。我们做事尽职尽责，有远见，有创造力，合作协同性好，对错误警觉性高，追求完美，对公司、客户的需求非常敏感，也能及时发现我们自己管理的问题，以及产品存在的问题，这些都是我们受欢迎的原因。但如果我们表现出自己与众不同的另一面（我们更容易崩溃，需要更多时间独处，忽视了自己的敏感的话就很容易生病），我觉得我们会遭到歧视。这一章我们还是会尽可能地去做自己力所能及的任务，但要在现实生活中看到进步还需要一点时间。

进步一定会有的

我相信我们所在的团队总有一天会认识到我们的宝贵，然后相互竞争高度敏感者资源。我们的需求也会得到满足，因为从经济角度来说，公司这么做才是明智的。当然，我们也必须受过良好的教育，有着非同寻常的能力才行。这也是道德参谋的责任。同时，我们当中那些足够幸运，有着非同寻常工作能力的人，就可以利用自己的影响力着手重整职场世界了，比如可以要求区别待遇（远程办公、安静的办公室、合理的工作时间、出差后的恢复时间，等等），来与特殊贡献相符。

但是，就算职场规则改变，作为一位高度敏感者，做何种工作的问题，以及工作场所的问题，仍要解决。你的第一个任务就是，充分地欣赏高度敏感的自己，然后一定要教会别人去欣赏你的敏感。

盘点高度敏感者的优点

如果说这本书中有一个必须要完成的任务，那一定就是这个。只要条件允许，每堂课我都会让学生做这个任务。一开始大家会有抵触心理，但完成之后他们会觉得庆幸："最后，我终于可以用一种积极的语言来描述我的敏感。"

在下面的横线上，列出一个高度敏感者所有可能会有的优点、美德、幸运以及天赋。这些可能是高度敏感者的特质，也可能是你自己特有的品质。不要只列出那些与你工作相关的特质，而要列出所有品质。你还可以写下你的其他优点、美德以及天赋，不过不要漏下你高度敏感者的品质。那是你当下需要着重注意的地方。

这是一场"头脑风暴"，你要接受所有的可能性，但不要评判其中任何一种。即便你列出两个相似的词，或者不是所有的高度敏感者都有你想到的这一品质，那也没关系。你要做的只是，持续地把自己想到的东西写下来，尽可能多地写。如果你卡住了，那就系统地想象之前做过的每一个章节，或者按照生活中的领域（思维、情绪、社交、精神、天性、身体等）来写。

你要尽力写满下面所有横线。如果书中给出的横线不够，欢迎你写在书的留白处。我抛砖引玉，先写下前五个。

同理心	认真	好的倾听者	创造力	深度思考
————	————	————	————	————
————	————	————	————	————
————	————	————	————	————
————	————	————	————	————
————	————	————	————	————
————	————	————	————	————
————	————	————	————	————
————	————	————	————	————
————	————	————	————	————

任务等级：A 级、B 级和 C 级。一定要做这个任务。小组活动的话，可以一起列出一个高度敏感者的基本特质清单。

小结：花点时间消化一下这个清单。我知道你可能会担心自己会变得自负或者"夸张"。但是不会的。这么做只是缓解你总是过度低估自己的"症状"，及时地让你对自己有一个客观评价。现在，写下你对自己和对这份清单的感受吧。

————————————————————————

————————————————————————

————————————————————————

————————————————————————

————————————————————————

就你的特质写一封信或者一个脚本

即便你现在对自己所在的公司非常满意，这个任务也是这本书中必不可少的，因为这对你经营所有关系都是很好的练习。这次的任务是写一封信，或者一个可以用于采访或谈话的脚本，你要在其中或多或少地推销你自己，让别人了解你的美德和你的高度敏感。可以用你在上一个任务中总结出来的表述，此外，还要提及在什么情况下你才能表现出这一品质。换句话说，你要用审慎的措辞表达出自己作为一位高度敏感者所拥有的某些需求。

下面这封信可以作为参考：

我相信我可以把自己的优势用在工作中。我做质量管理经理（Quality control manager, 又称 QC 经理）的这些年里，很多人都注意到，我好像有一种与生俱来的敏感，可以感知到每个产品组的各种细节（童年时期我就有这种天赋了），也能敏锐地感觉到哪些地方以后可能会成为问题所在，而哪些不会。就像之前的主管们都认为我好像拥有第六感，可以清楚地知道在不牺牲效率的前提下怎样维持团队的和谐。

我的敏感和直觉好像迫使我小心谨慎，从而让我能强烈地感受到问题的答案，比如，"如果这件事发生了我们会怎么样？"我只是不能允许错误和争执长久存在。

我也一直注意到，要最大化地利用这种敏感和直觉，就需要在一天之中有特定的私人独处时间——而这些时间我完全可以通过提高生产力来弥补。解决这个问题的一个方法就是远程办公，每周有一天在家办公。不过对于如何适应这种一定程度的"保护"（也即如何保持一定的独处），我是持灵活态度的。

在下面横线处写下你自己的信或者脚本。如果你近期有就业变动或者工作面试，又或者有一件你一直希望能以其他方式处理的过去的事，那你也可以在写的过程中着重思考。如果你认为以一个完全不同的背景来写会更切题（比如校园生活、一段友谊或一次约会），自由调整任务即可。为未来的老师、朋友、约会对象或生活伙伴准备一封信或一个脚本。

_____

_____

_____

_____

_____

_____

_____

_____

_____

_____

_____

_____

任务等级：A级、B级和C级。一定要做这个任务。每个人都可以大声读出自己的信或者脚本，让其他人评论，当然要从敏感的角度评论。

小结：做这个任务时，你是什么感觉呢？如果你能观察到自己的反应并记录下来，那就更好了。

_____

_____

_____

_____

_____

解锁职业选择

市面上有很多优秀的书能教你找到适合自己并且让你觉得快乐的职业（部分内容请参阅参考文献，见第 385 页，在此我就不赘述了）。不过对于那些还在纠结着"要做什么"的高度敏感者来说，接下来的这个任务还是值得你在这本书的帮助下完成的，这样你可以深入思考自己的特质。如果你现在对自己的工作非常满意，那你也可以跳过这个任务，尽管你可以把它当成一个乐事或者培养创造力的一个练习来做一下。

1. 在下面横线处列出所有你想做的事情或者你想额外掌握的技能。不要管那算不算一个事业。如果你喜欢骑车，那就列上去；如果你喜欢和小狗相处，也列上去。如果你喜欢读一些关于灾难、疾病、英雄逃亡的故事，或者一些非传统的健康疗法，也可以列上去。

_____

2. 现在，打开思维想一想是否有什么方法能让你既做了自己想做的事，又能养活自己呢？如果你喜欢的这件事有很多人了解或者正在做，那说明这个领域还有空间接纳更多的人，或者接纳一种新的服务或者产品。如果你想做的事情还很少有人做，但这件事让人很愉悦，那如果别人有着像你这样的专业人士帮助，也会越来越愿意做。（或者你还不是专业人士，但是你愿意成为专业人士。）知识是可销售的资源，你可以成为一名咨询师、作家、教师等——这些都是高度敏感者作为道德参谋与生俱来的角色。想一想，这里有你能满足的需求吗？如果有，人们也许愿意为你的知识付费。

我记得很清楚，有一天晚上我在加利福尼亚州的圣胡安·包蒂斯塔的一个水池里戏水，中间因为自己的"头脑风暴"而兴奋起来："大家一直说想让我开设一门关于高度敏感的课程，甚至希望我为他们写一本书。他们一直这么要求。我打赌他们愿意为此付费。"不过大家提出这些要求都是在我做了很多关于高度敏感的研究并成为这方面的专家之后，那时我只是纯粹喜欢研究这个领域，而不是为了赚钱。这也确实证明了我满足了大家的一个需求并为此得到报偿，报偿了我在做自己愿意做的事情的时候所花费的时间。

当然，你并不确定到底什么能养活你。你也许会高估大家对某事的需求，或者不知道自己到底能不能胜任。所以有了想法之后你需要做一个"市场测试"。对高度敏感者来说，我们需要去冒一点险：在保证自己有一个稳定工作的前提下，小范围地试验一下，看看效果如何。

在前面列出的想做的事里选出三个，头脑风暴一下，想想你可能会如何通过这三件事来养活自己。不过不要太严苛——而是要注重创造力和操作的可行性。

1._____

_____

_____

_____

2._____

_____

_____

_____

3._____

_____

_____

_____

任务等级：A级、B级和C级。大家可以讨论这个任务，互相鼓励，分享彼此的想法和经验。

小结：反思一下，在这个任务中，你是如何预想自己的未来的，可以的话，注意一下你是否有限制自己的倾向，以及自己是否或者为什么会在考虑太多实际目标的时候感到不舒服。写下你的发现。

_____

_____

_____

_____

_____

评估你的工作史

看下面12句话，如果情况描述得与你特别相符，就用字母 V 标记；如果在一定程度上与你情况相符，就用字母 S 标记；如果与你的情况几乎或者完全不相符，就用字母 N 标记。标记完之后接着读下文对每一种情况的阐释。

问题

1. ____ 我已经跳槽过好几次。

2. ____ 虽然离职的时候大部分人都挽留我，但我还是坚持离开了。

3. ＿＿＿ 老板要求我离开。

4. ＿＿＿ 任何人了解了我的工作之后都会说我应该拿更高的薪水。

5. ＿＿＿ 我所在的公司几乎没有人知道我工作做得多么好。

6. ＿＿＿ 我过去曾拒绝过不止一封聘用函，因为我害怕可能会出现的改变。

7. ＿＿＿ 工作是我一生中最重要的事情。

8. ＿＿＿ 我和同事相处愉快——这些关系给我的工作增添了极大的乐趣。

9. ＿＿＿ 工作不开心是我生活中最大的痛苦来源。

10. ＿＿＿ 我担心工作场所的物理条件会损害我的健康。

11. ＿＿＿ 主管让我感到烦心或者让我受到不合理的对待。

12. ＿＿＿ 我为我的工作感到骄傲。

根据你的答案做出评估

1. 如果你确实常常或者短时间内有过那么几次跳槽，大家最常想到的原因就是你一定很难稳定下来，或者无法投入一个工作，而这也确实是一种可能。频繁跳槽是高度敏感者的一个典型表现，也是一个合情合理的结果。作为一名高度敏感者，你需要一些时间来想清楚自己到底需要什么，而不是别人需要什么，或者别人认为你需要什么。

如果你的回答是几乎没有——你一直在同一家公司任职，那么，这是因为它于你而言是一个很好的工作呢，还是因为你害怕改变呢？

2. 即使有人挽留你，你还是频繁跳槽，那么这与第一个问题相似，只是比上述情绪更为强烈。这些变动让你有所提升吗？你的生活水平因此提高了吗？还是说你无法让自己投入某个工作呢？评估你的人对你不公平吗？你担心自己过于依恋一种环境吗？你会在需要承担更大的责任或者要成为主管时提出辞职吗？（有时候对高度敏感者来说，去管别人并不一定是好事，尤其当下属是非高度敏感者时。为了得到下属的尊重，我们必须像他们那样说话——按照我们的标准，那种语气可以算强硬甚至有些苛刻，并且对方以同样的方式跟我们说话时，我们也要接受。我们可以，也能够管理他人，但这对我们来说很难。）

另一方面，如果你从未为了自己离职，看不到自己为所在位置所提供的价值，那你可能低估了自己，也许是时候抓住机会改变一下了。

3. 如果这一条与你的情况非常相符——你常常被辞退，那原因显然非常重要。你可能是运气不好，赶上经济不景气，也可能是自己的专业不够热门。如果你一直频繁地被老板辞退，那你可能在了解对方需求、自己的工作意愿以及能力方面确实存在问题。反思一下，在你的工作生涯中是否有一个共性的模式需要改变或者问题需要改正，然后靠自己或者专业的指导来解决它。另一方面，我们在工作生涯中至少会有那么一次被辞退（任何理由都可能），这是不可避免的，开拓思路想一下老板的品行及其"让员工离开"的理由。也许我们必须在摔过一次之后才能摆脱这种恐惧。

4. 如果确实经常有人告诉你，你应该拿更多的薪水，那他们可能是对的。经研究发现，羞怯的人（这些人也许和你并不相同，但确实是高度敏感者）确实没有拿到相应的薪水。我发现高度敏感者通常希望，如果他们在足够长的时间内表现得足够好，就会得到回报。或者他们对自己的公司很忠心，并不介意自己实际赚到的钱比应该赚到的少——他们甚至愿意为公司节省这些钱。但是这样对你并不公平，也并不好，对这个世界同样也不是一件好事。这会让社会认为，高度敏感者很容易被占便宜。所以，我们要站起来维护自己的利益。

另一方面，高度敏感者常常会被那些长期低薪的领域吸引，比如教师行业或者艺术行业，抑或他们会到非营利机构或是政府机构任职。所以，你需要与同领域或者其他行业的人比较一下自己的才能。问问自己，真的是为了做自己想做的事而接受低薪吗，还是因为自己能容忍不公平待遇而导致工资低于最低标准？一位我特别尊敬的人对我说："不要放弃自己。"

5. 如果你所在的公司没有人知道你工作做得多么好——如果这种情况与你特别相符或者在一定程度上相符，这对高度敏感者来说非常典型，不过这种情况需要改变。另外，这样对你和你的公司都不公平，因为你领导如果没有了解所有的相关信息，也就是说，他们如果不了解你的价值，就会在人事安排上犯错误。

6. 如果你因为害怕改变而拒绝了一些工作机会，这可能是合理的，同时也是好兆头。不过如果这非常符合你的情况，而且拒绝的工作也在你的职业选择范围内，那么也许你给了别人一个明显的暗示——你不愿接受认可，而且拒绝职业发展。如果我们能在没有过度压力的情况下成长，责任对我们来说是好事。世界需要我们。

7. 我认为，如果工作在某些时候是你生活中最重要的事情，这是好事。但如果它一直是你生活中最重要的事，那你就要好好考虑一下了，看在生活中寻求更多的平衡是否能让你工作进步。读一本与工作无关的书，或者结交一个与自己职业无关的人，都能让自己有所进步。

如果工作对你来说并不重要，那也许是时候让自己的生活有所改变了。你最爱做的事情是什么？你的乐趣是什么？乐趣在某种程度上可算是你的职业，即便你完全不用它赚钱，或者你对"工作"的定义有所误解。我儿子喜欢画一切东西，但是有一天放学回家他带回来的作业是画哥伦布的"尼尼亚"号，"平塔"号，和"圣玛利亚"号，而他不愿意去做。"作业"这个词带走了他创作的快乐。你也遇到了这种状况吗？

8. 这一题的答案如果是非常肯定的话，那再好不过了——跟同事相处愉快可能是影响工作满意度的一个最重要的因素，但它常常被忽略。同事之间互相倾听、互相帮助，一起玩笑——这可以弥补很多其他的不足。你真正的职业也许就藏于你在团队里所担任的职位中。

而如果你与同事一直相处得不太愉快，这就不太好。你可能需要更多地加入大家的交谈中。你之所以不愿参加同事间的交谈如果是因为有那么一两位同事让你不太愉快，那你该考虑换一份工作。正如家庭氛围有好坏之分，工作场所的社交环境也是一样。你需要一个更健康的环境，以便更好地工作。参见问题 11 的评论。

9. 如果工作不开心确实是你最大的痛苦来源，那很明显你需要采取点措施！承认这一点很重要，原因可能有很多。如果外部环境已无法改变，那你可能需要利用这一情况来改善一下自己的性格。

10. 如果你工作场所的物理条件对你的健康完全或者在某种程度上有害，那就要采取措施。任何工作对人的身体都有所损耗（哪怕你只是坐着写写东西）。但是如果这一损耗超出了一般的限度，比如某个环境中的物理压力让你想要逃离，这种压力就很严重。幸运的是，老板们在公司陷入法律纠纷前会尽快解决这些风险。不过如果只有一个人抱怨，经理们则往往自然而然地想要责怪这个搅扰人心的员工太过敏感。由于你确实很敏感，所以你可能不得不承认这份工作不适合自己，而不是与工作斗争。身体是革命的本钱，每个生病的人都会这样告诉你。

另一方面，你也许能够提议公司做一些小的改变，以提高你和其他 20% 左右可能是高度敏感员工的生产效率。你甚至可以利用你对自己特质的了解来证明，适应像你这样的高度敏感者要比失去你们更划算。

11. 如果你几乎没有受到过来自上司的不公平待遇，为自己的幸运庆祝吧。（你可以问问自己，受到良好待遇是不是因为旁人知道你值得付给你的薪资，而这薪资是留住你的方式。）而如果你确实受到不公平待遇，那么想一下这是否是你经常受到的待遇。如果不是，而且尤其如果其他人在这种管理下也有同样的问题，这有助于你认清当前不好的现状，并脱离其中。如果这是常态，而其他人并不像你这样困扰，那么你的敏感也许是这种常态的部分原因。高度敏感者不仅会把更多伤人的话记在心里，而且也容易成为欺凌者的目标——因为受到欺凌时我们的反应更强烈。我们甚至习惯了被欺凌，并且陷入被害者的角色而不自知。由于我们不理解自己高度敏感的珍贵，再加上我们所处的文化对高度敏感的贬低，更加剧了这种让人讨厌又有些微妙的情形。所以我们会变得更差、更弱，也更没有影响力，被支配也就变得自然而然，理所应当。

我们会经常陷入并停留在不好的工作环境中，还有一部分原因是我们怕别人生气（或者最后发现，是怕我们自己生气），所以我们没有在一开始就设置必要的界限。（"对不起，我不接受这样的对待。"）我们可能害怕改变——也许是怕失业或者失去某些福利。于是我们善良，对公司忠诚、兢兢业业，认定他人的行为没错，因为他所做的工作很重要，或者别人都很尊重这个人。

每个人都有自己的"阴影"——不太美好的一面。这是人类本性的一部分。我相信在我们了解到对方的"阴影"并决定接受这"阴影"之前，一段关系（不论是同事、朋友，还是恋人）是算不上真正开始的。但当高度敏感者觉得自己有缺陷、脆弱，或者不了解自己的特质时，我们会倾向于将他人理想化。于是我们想要跟比我们厉害的人更亲近，想要依靠他们，成为他们生活的一部分。但这看起来也像是我们想把自己的优势和他人的阴影掩盖住。而在我们最终承认自己的优势和阴影时，对他人阴影的理想化就会幻灭。有时我们对讨厌或者恐惧一个人反应过度。但更多的情况是，我们陷在一段不太美好的相互关系中——我们是自恋者的倾慕者，是主宰者的奴仆，是可以自理的"巨婴"（如果他们是我们的主管的话）的保姆。

和一个人相处一段时间后，你需要一些经验才能意识到你最终会处理什么样的阴影问题。不过第一步是痛痛快快地预判一些问题。在你需要决定是自己换一个工作让自己更幸福，还是只是从一个平底锅换到另一个去煎熬时，对每个人的阴影做一个预判是非常有益的。一个你已经知道如何应对的阴影有它自身的优势，只要这阴影不是彻底的恶——彻底的恶与其他程度的恶之间有一定的界限。另一方面，有些人不好的品质会让所有人都感到苦恼。你要明白多恶算"彻底的恶"。

你尤其需要关注那些自己一再陷入或者陷入太久的不良关系。对于这些关系，你需要调动身体的相关部分做一些内在工作——从那些需要你做内在工作的固有关系中找出自己需要内化的观点或思维方式。

12. 如果你对自己做的工作非常骄傲，那么恭喜你。这太重要了。如果你不觉得骄傲，那就需要找找原因。"生活不是演戏。"生活就是生活。不要把遗憾带进坟墓。

任务等级：只有 C 级。这个任务完全可以被讨论，但有一个重要问题需要注意——为了从熟悉你的人那里得到你需要的反馈和建议，你需要一些安全感。这个任务需要安全感，这样你才能从对你了解透彻的人那里得到自己所需的反馈和意见。

小结：反思我们之间的互动——我的问题、你的答案，以及我对你的答案的想法。请把我的想法看作能刺激你思考的意见。因为我不了解你，但你自己肯定了解你自己，所以你写下的东西非常重要。鉴于此，看你还能从你的工作史中洞悉什么，写在这里。

_____

_____

_____

_____

_____

重塑你职业选择和工作经历中的一个关键时刻

有了前文的铺垫，现在你应该可以重塑自己职业生涯中的一个关键事件了——比如，你在职业生涯中做了怎样的决定，或者没能做怎样的决定；为什么你必须离开某个工作，或者为什么没有一个稳定的工作，又或者为什么没有在一个岗位上做很久；你在工作中遇到过哪些困难。如果你的职业或者工作让你不开心，那么重点关注下给你这种影响的人或事物。

下面是你在"重塑过去"（见第 17 页）中做过的步骤。跟之前一样，选择一件对损害你的自尊有着决定性影响的事情。可能是一个塑造了此刻的你的时刻或者决定，比如老师或者老板的某些言辞；也可能是一类事件，比如针对你的每次测试、观察和评估。这个经历必须是你在知道了自己的特质后能以新的视角去看待的事情。不过一开始不必考虑这个——你只要想象最让你不安的事情或者一类事件就可以，即便这事情看起来与敏感毫无关系也可以。因为它很可能有关系。

写下你想重塑的时刻——职业选择或者工作经历中的时刻都可以。

_____

_____

_____

_____

_____

现在开始吧。

1. 回忆一下你当时对这件事的反应——尽可能多地回忆当时的情绪、行为和一些画面。

_____

_____

_____

_____

2. 一直以来，你对当时的反应都有何感受？

_____

_____

_____

_____

_____

3. 根据你现在对高度敏感这一特质的了解，再次审视一下自己当时的反应。

_____

_____

_____

_____

_____

4. 想一想，如果你和你身边的人那时知道你是高度敏感者，并为此调整了自己的做事方式，那这件事的消极方面会得以避免吗？或者说会有不同的后续发展吗？

_____

_____

_____

_____

_____

5. 如果了解了高度敏感这一特质会让你免受当时的遭遇，或者会让你的人生中没有这段经历，那么多花些时间想想，你究竟该如何看待这件事。

_____

_____

_____

_____

6. 写下你对这件事的新理解，并时常返回来读，直到你完全领会了它的意义为止。

任务等级：A 级、B 级和 C 级。

小结：回到这一事件，反思自己从职业和工作生涯中学到了什么。总结你的想法并写在第 25 页上。

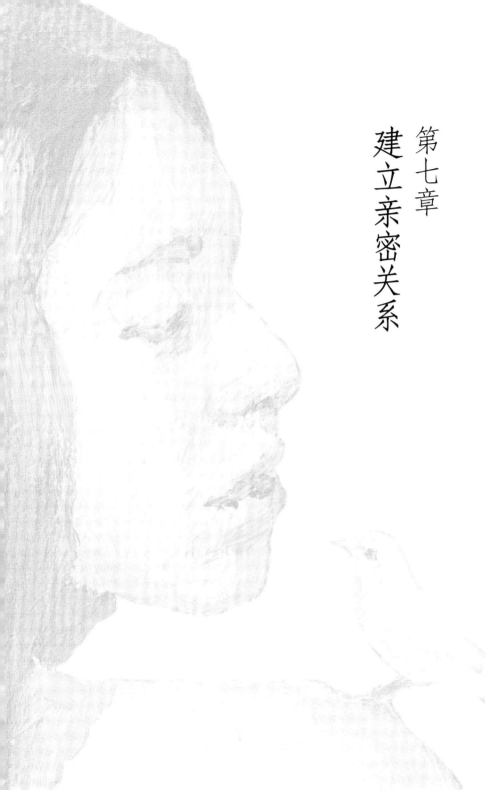

第七章

建立亲密关系

高度敏感者擅长与人（可能还有恋人）建立长期、亲密、稳定的关系，但也只是与几个朋友或者有选择地与家庭成员建立这种关系。我们高度敏感者在这种关系中的感受比非高度敏感者更强烈，所以在建立和维持这种亲密关系上我们有他人没有的技巧。不过有些内容我们还是需要了解，尤其是敏感会如何影响我们最亲密的关系；有些技巧还可以有所提升。这就是本章的目的所在。

同类人的重要性

开始之前，你要在继续往下读的同时想清楚两个问题。其中一个较大的问题是我一再与高度敏感者谈起的，我们是"物以类聚"好，还是与非高度敏感者交流更好？谁能让我们变得更好？这个问题当然重要，因为我们通常可以选择跟谁做朋友。

我的经验表明，一段关系中双方都是高度敏感者的话，这段关系让双方满意的比例可能会更高一点。这是有道理的。因为两人在"什么有趣"和"出去玩多久"这样的问题上几乎没有冲突。你需要独处的时候对方不会觉得自己是被拒绝的。你甚至完全不必说诸如，"你能稍微安静点吗"或者"这个'小玩笑'伤害了我"这样的话。你也不必听到别人说"你太敏感了"或者"这就累了吗"这样的话。你们的神经系统同频。要知道，周围有很多人跟你性格并不相同，所以跟另外一个自己相处当然是愉快的。

不过所有这些"同频"的好处也并不说明高度敏感者和非高度敏感者之间的关系就一定会失败。我结婚三十年，期间有小风浪，但总体幸福美满的婚姻可以证明这一点。你们会带给彼此不同的天赋以及看待问题的视角。如果没有对方，你们可能永远无法完全了解这些。你们绝对是彼此的礼物。举例来说，非高度敏感者会带你去冒险，帮你处理那些让你崩溃的任务和情况，并且真诚地想要尊重和保护高度敏感的你。而你则带他进入生命的深层世界——体会强烈的感情，洞察生命的丰富，对身边的人忠诚，感受精神世界，更富创造力，也能意识到生命的短暂，发现世界上很多不平常的美好和不那么美好的事物。你们需要额外的精力去尝试尊重和包容对方，同时这种尝试也会养成你的性格。

我需要补充一点，世界上还有大约 20% 的人的性格与高度敏感者恰恰相反。对于这一群体的描述，一个积极的词是"无拘无束"，比较中肯的中性描述则是"感觉至上"，不过还可以称他们为"冲动型人"。我们要感激他们——他们往往是救护车司机和消防员，不过不要模仿他们的生活方式。至于说和他们建立关系，一个高度敏感者跟一个感觉至上者在一起的话，会像坐过山车一样。

因为你会在这一章思考一些特别的关系，所以需要做个精神体操，结合其他问题，想一想他人的性格及其与你的匹配度如何影响每项任务。

相处困难是因为你的敏感，还是因为你的过去呢

写这一章的时候，另外一个一直萦绕在我脑海中的问题，同时也是作为一个心理医生一直绞尽脑汁思考的问题，就是：在一

段特定关系中，我们所面临的困难有多少是源于每个人与生俱来的性格？又有多少是由过去经历的各种关系所造成的，包括从婴儿时期一直到现在你在工作中的遭遇？这个问题当然也很重要，因为你试图去适应每个人的性格，但你也想洞察并改变那些已经形成但却无效的相处模式。

这个问题很难找到答案。一个人的性格与其过去是相互影响的。可是，性格究竟如何影响了你的过去呢？回顾你所经历过的关系，找出重复的相处模式，你就会离答案更近一些。

找出自己的相处模式的一个方法是从依恋类型入手（见第119页）。我之所以强调这一点，是因为大家往往会低估了婴儿时期的经历对自身的影响——我们总是忘记婴儿时期很重要，或者说我们觉得这样想很荒谬。但其实，与婴儿的相处是高度程序化的，婴儿会用对看护人有效的方式与之相处，并依赖于这种相处模式。这种模式会一直用在之后的看护人身上，直到因为某些重大原因需要改变这种模式。

性格与依恋类型相互作用的一个例子就是，一个成功、自信且外向的人说自己是高度敏感者，但是他在很多场合看起来都比其他高度敏感者更有安全感。你打听这个人，发现他之前与人的关系都是安全且幸福的，而且是个外向的人。在这种情况下，接着打听的话，你就会听到一个幸福的故事：这个人有着伟大的父母，善解人意的老师，还有友好的童年伙伴。

如果我们将上述例子中的高度敏感者称为"隐性高度敏感者"，那么接下来就是"显性高度敏感者"。这类人会抱怨自己没有足够的独处时间，抱怨自己的伴侣或者伙伴"总在自己身边晃荡"，并且"太粘人"。这是性格冲突吗？伴侣会埋怨作为高度敏感者的你陪他的时间太少，也很少表达爱意，在一起的时间越长就越不开心，甚至有敌意。在这种情况下，我打赌会听到一个不太幸福的故事：妈妈太忙，还身体不好，并总是粗心大意，或者因任何其他原因而对自己高度敏感的孩子不太关注，于是造就了回避型依恋。这时高度敏感者会压抑自己对这种因得不到关注而产生的恐惧和痛苦的感受，然后学会"自己和自己相处"，并且不喜欢亲密，对他人正常的亲密也会感到不适，因为这种正常的亲密对一个回避型人来说显得太过粘人了。

这就是你做精神体操时需要考虑的第二个难题——读这一章时，考虑一下自己和他人的性格，也考虑一下自己的依恋类型和过去的人际关系。

你的恋爱史

在开始其他任务之前，先在这里写下你自己的一次恋爱经历或者友谊经历。在进行这一章时，这个任务会很有趣，所以你最好现在就做。写的内容里要包括你当时的生活状态，陷入爱河之前的情绪，发生的环境，你们双方说了什么，做了什么，以及这段关系是如何进展的。

_____

_____

_____

_____

_____

_____

_____

_____

_____

_____

_____

_____

　　现在回到这个故事，回答下列问题。每个问题后面会附有我的意见。

　　1. 那时你的感觉是好，还是不好呢？这种感觉对之后的关系发展有着怎样的影响呢？

_____

_____

_____

　　一般来说，当你不自信时，你更容易向那些对你表示出兴趣的人做出回应。当然，不够自信与不够开心的人际关系有关。不过这是"先有鸡，还是先有蛋"的问题——很难说哪个是源头。

　　2. 你学会独处了吗？如果独处，你会感到孤单吗？

_____

_____

如果你为了避免独居或者感到孤单而要开始一段关系，不管是怎样的关系，都明确说明你对人际交往不再挑剔，而且这段关系还可能有一个不太美好的结局。另一方面，突然的孤单对于内向型高度敏感者来说，可能是考虑开始一段关系的动力。

3. 陌生的环境或者其他因素会让你产生兴趣吗？你认为这些因素会提升你在该环境中的魅力吗？

_____

_____

_____

人们在陌生的、让人兴奋的环境中相遇的话（可能是在旅行或者一起度过危机时），会更容易相互吸引。由于高度敏感者更易过度兴奋，所以会更频繁地陷入爱河！（但这种方式可能对长期关系的幸福感没什么影响。）

4. 谁先表明了爱意呢（这个问题和接下来的三个问题都假设这段关系很长远）？对方是在你们的感情到了何种程度时才发现了他自己的感情呢？

_____

_____

_____

一般来说，很多人都是以这种方式陷入爱河的：他们了解那些跟自己相似的人，然后"发现"对方也有同感。对高度敏感者来说，意识到这点很重要——证实自己的感情也许看起来很危险，但这是让爱进入生活的一种非常好的方法。

5. 你们两人有没有很快就把自己的很多个人习惯或者爱好告诉对方呢？如果你是这么做的，那么你对于彼此这么快就变得亲近是感到兴奋呢，还是有点担心呢？

_____

_____

_____

_____

这种短时间内的自我表露（如果不是太快的话），其实还不错。但对高度敏感者来说，这几乎可以说是太刺激了。同时如果你还是回避型依恋者，那就特别容易过度兴奋。

6. 你们两人的敏感度是相似，还是不同呢？这对你们的约会和前期的交流有何影响？

_____

_____

_____

一个高度敏感者实际上会纯粹因为与另一个高度敏感者在一起的喜悦而陷入爱河。另一方面，一个高度敏感者和一个非高度敏感者可能会因为对方近乎神奇的能力而震惊。无论是在哪种情况下陷入爱河，都是不错的原因，除非你之前几乎没有与不同的人约会过，这样的话，你可能意识不到这个让你惊讶的人并非独一无二，你还需要考虑其他品质。

7. 回顾整个故事，在下面横线处写下自己对这次恋爱经历的反思结果。如果一段感情开始了，是怎么开始的呢？对于这次经历你有何感受？现在的感觉有何不同吗？你写下这个故事并回答完这些问题了吗？如果是，那么在这里稍微写一点自己的反思，然后跟一个人分享。这样，你对这段感情的新体会就会成为你思想的一部分。

_____

_____

_____

_____

_____

任务等级：A 级、B 级和 C 级。不过你要想想自己愿意在这段故事里透露多少个人隐私。

重塑关系史中的重要时刻

所有人都深受自己与周围人关系的影响，无论是现有关系还是以前的关系。我想再说一次，这其中的一个原因可能是由于我们在婴儿时期的长期依赖，而逐渐形成了我们现有的大脑构造，以此让我们根据身边不同的人来维持并修正自己的依恋类型，从而能够利用一切生存机会。这种修正让我们的生活更加安全，这是我们作为成年人所希望的。修正的一个方法，可能是看到我们因为敏感特质在维持不安全型依恋类型时而拥有的额外力量，或者看到在我们反复被非高度敏感者伤害时，敏感特质甚至可能是我们产生不安全感的原因。

下面的步骤与"重塑过去"（见第 17 页）的步骤类似。选择一段有代表性的关系，这段关系对你所有关系中出现的不安全感有决定性的影响。找出你现在明确认为与你的敏感有关的事情。（这些事情可能一直是你关注的中心。）而从敏感的角度出发，重塑太多事情可能会让真实发生的事情失真。所以重塑的事情可以是一个深刻影响了你以后性格的时刻，比如说，镇上最受欢迎的女孩自己提出要在毕业舞会上与你共舞，但你最终却没能和她一起跳。她曾是你一直偷偷爱慕的女孩，而她却一直以为你结婚了。或者你可以集中重塑一类事情，比如你的伴侣总是希望你能把所有的闲暇时间用来陪他，但你却因为这一点而变得越来越暴躁，所以几段关系都因此而结束。

写下你想重塑的事情。

_____

_____

_____

_____

现在，开始吧。

1. 回忆一下你当时对这件事的反应——尽可能多地回忆当时的情绪、行为和一些画面。

_____

_____

_____

2. 一直以来，你对当时的反应都有何感受？

_____

_____

_____

_____

3. 根据你现在对高度敏感这一特质的了解，再次审视一下自己当时的反应。

_____

_____

_____

_____

4. 想一想，如果你和你身边的人那时知道你是高度敏感者，并为此调整了自己的做事方式，那这件事的消极方面会得以避免吗？或者说会有不同的后续发展吗？

_____

_____

_____

_____

_____

5. 如果了解了高度敏感这一特质会让你免受当时的遭遇，或者会让你的人生中没有这段经历，那么多花些时间想想，你究竟该如何看待这件事。

_____

_____

_____

_____

_____

6. 写下你对这件事的新理解，并时常返回来读，直到你完全领会了它的意义为止。

_____

_____

_____

_____

_____

任务等级：B 级和 C 级。

小结：反思一下你在这次重塑自己的亲密关系中学到了什么，在第 25 页上写下自己的总结。

反射式倾听

反射式倾听是一种看似简单的倾听技巧，就是将你听到的事情所产生的感受反馈给讲述的一方，这样对方就能知道你理解得有没有错，并且通过你这面镜子对方就能充分地知道自己的感受。当与你亲近的人出现情绪激动、思维混乱，甚至崩溃的情况时，这种倾听方式特别有用——这种情绪可能跟任何事情有关，尤其跟你有关。

不过这一方法在实践中总是遇到阻力，因为没有前后背景的话这会有些生硬。但是这一方法对高度敏感者来说则非常宝贵。我们通过例子来看，在这一方法的帮助下，我们可以让非高度敏感者认识到他们自己身上正在发生什么，并且当我们身边的人能像我们一样意识到他们自己的情感时，我们往往会更开心。进一步讲，一旦了解了这一方法，我们会发现自己格外擅长反射式倾听。

反射式倾听的"必做"清单往往很短。

1. **身体姿态上要表现出你的专心**——看着对方，不要看手表，不要抱臂。

2. **重新表达你所听到的情感**——尽量忽略事实本身，集中表述对方所表达出来的情感。

"不能做"的事项则非常难避免。

1. **不要问任何问题。** 你很快就能听到答案。

2. **不要提建议。** 到这里你还没有听到足够多的信息，所以无法给出好的建议，此外，如果你完成好自己的角色，对方自己会提出解决方案。这对对方来说更好，而且提出的解决方案也会更好。

3. 不要谈论自己的类似经历。这在以交流分享为目标的谈话中非常好，但是如果一个人有着强烈的感情要表达时，谈论你的类似经历只会转移对方对自己内心世界的注意力。

4. 不要解释"事实上是这样的"，或者"你其实是这种感受"，抑或扮演心理医生的角色。这在以后可能会对他们有所帮助，但现在你的任务是倾听他们的内在感受，不要分散他们的注意力。

哪怕只有一句话表明你理解对方，这种倾听都是有力量的。我们都曾有过对方所说的经历，所以常常将其视为平常。我们对某人说："我超开心——我的小狗产崽了。"对方则回答说："好棒！我给我的小狗做了绝育，但是它之前也产过一窝小狗。你要看看照片吗？"

你经历过很多这种对话。

但如果这样回复呢："好棒！看得出来你很开心。你说这个的时候整个人都闪闪发光的，就像自豪的祖父。"如果表示出对此很感兴趣就更好了："它生了几个呀？"这会引出进一步的话题。

你可以在对话中像这样使用这一方法。不过这一方法的真正重要性在于——帮助他人将其感受落地，并且维护（有时是**挽救**）一段关系。在尝试之前我们先来看一个案例。

倾听他人感受的案例

我在这里以一个运用反射式倾听的例子开始。这个例子是帮助好朋友或者亲戚探讨与你们两人感情无关的问题的。这在心理治疗最重要的基础知识课中，算是一门简短的课。如果一位心理医生只用了反射式倾听而不使用其他方式，那说明这种倾听方式确实有用。所以，这是一项强有力的技能。

一天，你的一位好友很忐忑——这是他换新工作的第一天。你们拿出晚上的时间来聊天。他说："我今天比以前最恐惧的时候还要恐惧千万倍，真的太恐怖了。我有那么几次甚至紧张到想藏起来，或者干脆死掉。我都不知道自己还能不能回去工作。"

你体内所有的警报火力全开，你担心他会失去这份工作，或者失去信心。你可能会气他今天为什么没有应对得更好，也一定对发生了什么感到疑惑。你想提问，但是你控制住了自己。最后你只是说："听起来今天真是一个长长的噩梦。"你可能还会补充一句："你再也不想进到那个办公室了吧。"

你没有问问题——你所有的疑问在合适的时间都会自发地涌出。你也没有提建议，比如"对我来说，这种情况需要和老板聊一聊，弄清楚他对你的期待"。因为你甚至不知道发生了什么。"这一定很难，不过我相信，一旦适应了，你会做得很好的，不是吗？"一定不要说，"但是你之前信誓旦旦地说这是一个很容易的转变"，或者说，"听起来就像如果这里有钱赚，那一定是被我赚到"。

你相信对方一旦有了情感空间，就一定能找到这个问题的解决方式——如果不能靠自己的意识解决，那就寻求心理上的帮助。然而，你不能带着任何期待去倾听，也不能希望事情以某种特定的方式发展，哪怕这只是一个微小的需求。你越是简单地信赖他人的心智，就会发现你自己越喜欢这个结果。

基于我的经验，下面是我想象出来可以解决问题的对话：

你：你不会再想回到那个地方了。

对方（开始哭）：我讨厌那里。

你（带着深深的同情）：那里确实不好。

对方：我没办法回去了。

你：你很清楚，那里不适合你。

对方：我犯了大错，之前没有认识到这点，真的很惭愧。

你：我理解，你觉得非常不好意思——你认为没有预见到这结果是你的问题。

对方：大多数人都能做到，但那个收银机……

你：收银机把你弄乱了。

对方：顾客背靠着椅子，开始不耐烦，我整个人都僵硬了。主管来替我办了这个业务，他还在我耳边耳语："蠢货。"所有人都听到了。后来他还说从没见过像我学习这么慢的人。

你：嘿，哥们，每个人都有压力，然后还要面对那些粗鲁而荒谬的批评……

对方：我不是蠢货，我学习很快，但是我不知道该如何应对那种压力。

你：我们都知道你很聪明啊，但是有些情况……

对方：竟然有主管在员工上班第一天就说出这种话，我真是难以置信。

你：真的很让人大开眼界。任何一个有脑子的人都不会这样培训员工。

对方：是啊。我应该看到自己的压力的。我记得评定标准，记得别人的好成绩，并且以为做这个压力会更小。

你：看来你很清楚，如果换一个主管，那你今天的表现也会不一样。

对方：也许我只是在找借口。

你：我知道即便你已经在这里了，但还是很难相信今天发生的事情。

对方：不，不全是。这位主管让所有人难堪，我听到他骂一位同事"混蛋"，那时他以为周围没人。

你：真是个名副其实的恶霸。

对方：我不想再回去上班了。

你——沉默。

对方：虽然录用我的人真的很想让我加入，而且他是这个主管的上司，但我真的不想去了。不过我至少应该告诉他我看到的。

到这里，你的朋友解决了问题——报告给经理，再找一份工作，等等。还有你安慰的叹息。

当然，如果你认为对方的解决方式不对，那你可以采取两种方法。如果有可能，就让他按照自己的想法去做，从中吸取一个经验。如果你做不到，那就试着从行为或者情感叙述开始，就像这样，"我一想到你这么做就很担心你"，或者，"我一想到你这么做，就很担心你会丢了工作，然后我们就付不起房租了"。如果这并没有引起对方进一步的反思，那么补充一下你在那种情况下的做法，不过不要直接告诉对方你认为他应该怎么做。给内心不安的人太直接的建议常常会遇到反弹，或者让他更羞愧，从而不会考虑你的建议。此外，你可能也并不了解全部的状况。然后，如果你的建议无效，那么这就成了你的责任！

在对方情绪失控时倾听

反射式倾听最重要的作用（也是最难成功做到的）就是两个人起了冲突而双方都变得很戒备，而且有些失控的情况。在这种情况下，双方过度的情绪反应被激起，而且各自被对方视为对自己重要的事情有威胁的人。反射式倾听并不能解决这种冲突，但是如果我们在毫无准备的情况下倾听对方的宣泄，似乎能强制我们听到对方的观点，而这观点会进入我们的潜意识，造成一个更深层次的改变。

这里还有一个例子。这次你可以试着填充回复。例子下面是我的回复，不过恰当的回复不止一种。

我们假设你和你的伴侣需要解决昨晚的争论，争论的开端是这样的：

> 对方：你去哪了？你说你只是去和乔伊喝杯咖啡，可你却去了足足三个小时。我不希望你和乔伊再见面，也不认为你们之间只是友谊。如果你爱我并且忠于我们的感情，那就放弃和乔伊的友情。

所以今晚你答应反射式倾听，并且在一个半小时内只是倾听。休息过后，你和伴侣互换，由对方来倾听你对这件事的感受。（这听上去很呆板，但是我要再说一次，如果你坚持倾听而不发火，这真的有用。）那么，开始吧。

对方：我想让你放弃这段"友谊"。（讽刺的语气）

你（深呼吸）：_____

_____

对方：你如果爱我，就该放弃他。（很生气）

你：_____

_____

对方：我没办法信任你。毕竟你离开了尼尔才和我在一起的，那你也可能离开我和乔伊在一起。

你：_____

_____

对方（听起来不安多过生气）：我为什么要信任你呢？

你：_____

_____

对方：天啊！我讨厌自己这样，我看上去像个满心妒火的疯子。但是我真的很嫉妒。

你：_____

_____

对方（要哭了）：我爱你，很爱很爱。

你：_____

_____

对方：我见过你和乔伊在一起。你真的很喜欢他，可能比喜欢我还多。你们对着彼此微笑，这真的是往我心上插刀啊！

你：_____

_____

对方（哭泣）：我真的不想失去你。

你：_____

_____

对方：我觉得好难为情。

你：_____

_____

我会怎么回应：

对方：我想让你放弃这段"友谊"。（讽刺的语气）

你（深呼吸）：你对我和乔伊的反应太强烈了，甚至从不相信我和他只是朋友。

对方：你如果爱我，就该放弃他。（很生气）

你：你疯了吧。

对方：我没办法信任你。毕竟你离开了尼尔才和我在一起的，那你也可能离开我和乔伊在一起。

你：你觉得你无法信任我。

对方（听起来不安多过生气）：我为什么要信任你呢？

你：我明白你的意思——现在你想不出任何理由信任我。

对方：天啊！我讨厌自己这样，我看上去像个满心妒火的疯子。但是我真的很嫉妒。

你：你因为害怕别人会把我抢走而提出了过分的要求，并为此感到羞愧。

对方（要哭了）：我爱你，很爱很爱。

你（沉默了一会）：我知道，可是你今晚的爱有些不顾一切。

对方：我见过你和乔伊在一起。你真的很喜欢他，可能比喜欢我还多。你们对着彼此微笑，这真的是往我心上插刀啊！

你（带着深深的同情）：你觉得我很喜欢他，这伤害到了你。这就好像要杀了你，好像我正在和乔伊一起杀你。

对方（哭泣）：我真的不想失去你。

你：我知道。你生活中有多么需要我呢？你又有多不想失去我呢？

对方：我觉得好难为情。

你：我知道，现在看起来我和乔伊在一起更开心，而一点也不需要你，要让你承认你需要我多陪陪你，你要很多爱，这很难。

你我都不知道这个问题最后会如何解决。可能后来你还是对这种不合理的嫉妒表达了自己的愤怒。你在倾听对方的宣泄时可能需要面对一个事实，即你的生活中出现了一个诱惑，这一诱惑威胁到了你和伴侣的感情，也打破了这段感情在你生活中的中心地位，无论你曾为这段感情付出过什么。而你在向对方宣泄时，则可能感受到自己的愤怒，也可能决定不再和乔伊来往。这只是你与伴侣互相倾听时可能会出现的情况。不过有一点是确定的：你了解自己给伴侣带来的这种感受，并且可能没办法再逃避这个问题。

结束时间

在第 216 ～ 219 页有关第一天工作的例子中，谈话结束得很自然。在接下来白热化的冲突或者危机中，最好是提前约定倾听时间，时间到了不管此刻是什么状况，都由闹钟来结束。毕竟倾听者只能承受这么多。

你们是否需要在倾听之后马上转换角色？这也应该提前商定。但是最好不要这么做。即使你听完之后内心情感涌动，也要给对方一些时间来消化刚才讨论的情感和观点。

倾听者可以在谈话最后表达一些自己的情感——可能是"这对我来说太强烈了。我之后也需要时间来倾诉我的感情"。此时倾听者可以记下自己能做倾听者的时间。

在"好友换工作第一天"的例子中（见第 216 页），你可能说："嘿，哥们！在你进来的时候我就知道有事发生。谢谢你对我敞开心扉，我很高兴你能信赖我，这样我就不必整晚都琢磨你了。"

如果你经常对这个人说这些话，那可以找个时间跟对方谈谈你第一次听到"我今天比以前最恐惧的时候还要恐惧千万倍"的感受。

顺便说一下，在围绕一次冲突做反射式倾听时，注意不要斥责对方没有恰当地做一个倾听者，以免激发矛盾。

现在开始真人实践

练习反射式倾听最好的方式显然是找一个人一起练。也许你可以把这个任务告诉你的伴侣或者好朋友，问他们是否能跟你一起练习。当你们两人有冲突或者你需要度过某个难关时，要记得这个方法。你们在第一次练习时要选择一个生活中的真实事件，但是不要选太难解决的，这会很难停下来，而且转换角色也不易。而且，不要选与你们的感情无关的事情。你说你的问题，对方倾听，然后反过来。一开始就决定好每人倾听多长时间（10 ~ 20分钟应该足够了）并执行。接下来你们可以讨论事情的发生，指导对方如何改进。再次提醒，第一次练习不要选择太大、太强烈的问题。

任务等级： A级、B级和C级。小组可以分成两人一组，然后找一个人来计时，10 ~ 15分即可。大的小组可以分成三人一组，这样大家可以轮流担任角色：倾听者、被倾听者和指导者。

小结： 记录在练习反射式倾听时学到了什么。

_____

_____

_____

_____

行为 / 情感表达

这一活动是基于克劳德·史坦纳的书——《养成情感素养》（*Achieving Emotional Literacy*）。我向每个人推荐这本书，不管他们是否处于一段感情中。他通过总结自己多年的经验写了这本清晰而有力的情感交流书。

反射式倾听之后，在亲密关系中进行良好沟通的下一个基石是当事情变得复杂时，能够对对方做某事时带给你的感受做出简单、真实的陈述。与反射式倾听不同，这一方法可以帮助他在你做了什么之后，简单表达出自己的感受。我们称之为"行为 / 情感表达"。这听起来很容易，但做起来其实很难。

高度敏感者需要反射式倾听的原因之一，是他们需要与非高度敏感者进行清晰地交流。非高度敏感者常常不能同步表达自己的情感，或者在与过度兴奋的高度敏感者在一起时丧失了自己的节奏，因而让所有事情都一团糟。这时反射式倾听就派上了用场。

一个行为 / 情感表达首先涉及行动，而不是对行动的解释——"当你很早离开时，我很难过"，或者"当你决定要走的时候，我很难过"。除非对方说他想去，否则你所知道的就是他很早就离开了。

还有一个例子，也同样是对行为的解释，而不是单纯表达行为："在你对我像对你妈妈那样时，我很生气。"这不是一个具体的行为，让你生气的可能是，也可能不是你伴侣对他妈妈所做的事情。更好的行为 / 情感表达应该是："你不给我打电话告诉我你会迟到时，我很生气。"

这里有个例子，告诉我们该如何跟与我们有亲密关系的非高度敏感者一起共事。对方说："你太过敏感，这让我非常生气。"
而你可以说："抱歉，但你可以具体地告诉我，我做了什么事让你
生气吗？"

试着重新表述。我重写的句子紧跟在后面。

你很粗鲁，而我很尴尬。

这样说更好：＿＿＿＿＿＿＿＿＿，我很尴尬。

这句很难：你不安全驾驶让我很担心。

这样说更好：＿＿＿＿＿＿＿＿＿，我很担心。

这句很有趣：你不尊重我的敏感，我很生气。

这样说更好：＿＿＿＿＿＿＿＿＿，我很生气。

如果是我的话，我会这么重新表述：

你很粗鲁，而我很尴尬。

这样说更好：你不记得我刚刚给你介绍的人的名字时，
我很尴尬。

你不安全驾驶时，我很担心。

这样说更好：我们和前面那辆车的车距不足三辆车的长
度，我很担心。

你不尊重我的敏感，我很生气。

这样说更好：我已经说了我很累了，想回去，你却说你
"不能理解'怎么会有人这么蠢'，多停留几个小时就这么不
高兴"，这让我很生气。

这种表达的第二部分也很难表述正确。情感就那么几种：生气、恐惧、悲伤、厌恶、羞愧或尴尬、快乐、爱、骄傲和高兴。你可能还想加上孤独、好奇、担心、焦虑、猜忌、愧疚、嫉妒、绝望和希望。不过后面这些更常是前者的衍生感情。其他的"感觉"，比如感觉被忽视或被嘲笑，暗示着一个动机和行为（忽视、嘲笑）可能并不存在。另一个难点是，在英语中，当你想说"我有种预感"或"直觉"时，你通常会说"我感觉"，因此，尤其很难注意到，当你说"我感觉"时，你不是在表达一种感情。例如，"当你不和我的朋友说话时，我觉得你在拒绝我"，实际上只是你的一种直觉——觉得别人在拒绝你。你不知道的是——也许这个人只是想隐世。

这里还有一个混淆了思考和直觉的例子："你笑的时候，我觉得我让你开心了。"这是你就笑的原因所做的思考。更好的回应 / 情感表达是："你笑的时候，我就觉得很开心。"

还有一个为高度敏感者准备的例子："你大喊大叫的时候，我觉得你对我的感受漠不关心。"但是你并不确定对方是否真的对你漠不关心。难道高度敏感者没有大喊大叫过吗？为什么不说："你很大声的时候，我觉得很生气。"

我们用一个例子来说明，为什么我们需要这个技能来理清他人的表达："每次你拒绝和我一起参加聚会的时候，我都很失落。"如果你想更好地理解这种感觉，减轻对方的失落，还不用多参加聚会，那你可以试着问对方："你能告诉我你的具体感受吗？如果我拒绝，你是生我气呢，还是觉得担心？或者是伤心？"

试着重新表述。我重写的句子紧跟在后面。

你摔杯子时，感觉就像摔碎了我的一部分。

这样说更好：你摔杯子时，＿＿＿＿＿＿＿＿＿＿＿＿＿。

你转过脸去时，我觉得你是在找比我更有趣的人聊天。

这样说更好：你转过脸去时，＿＿＿＿＿＿＿＿＿＿＿＿。

你说"忘了"的时候，我觉得你是真的想忘记。

这样说更好：你说"忘了"的时候，＿＿＿＿＿＿＿＿＿。

你叹气时，我觉得你是在告诉我你不喜欢我这么敏感。

这样说更好：你叹气时，＿＿＿＿＿＿＿＿＿＿＿＿＿。

如果是我的话，我会这么重新表述：

你摔杯子时，感觉就像摔碎了我的一部分。

这样说更好：你摔杯子时，我觉得非常伤心。

你转过脸去时，我觉得你是在找比我更有趣的人聊天。

这样说更好：你转过脸去时，我很害怕。

你说"忘了"的时候，我觉得你是真的想忘记。

这样说更好：你说"忘了"的时候，我有点生气。

你叹气时，我觉得你是在告诉我你不喜欢我这么敏感。

这样说更好：你叹气时，我很担心。

　　你不必一直这么说话，而且也肯定想解释一下你为什么会觉得伤心、生气或者担心。但是就反射式倾听而言，当冲突、困惑或者很多强烈的感情包围着你时，你想关注这些情感本身并且排除掉解释、建议、防御以及谴责。情感没有对错，它们就是这样。让你伤心的人并不是刻意要让你伤心，在一个正面的行为／情感表达中，所谓的故意并不真正存在，所以他也不该受到责备。对方的情感回应可能看起来愚蠢、荒谬或者烦人，但是我还要说一次，这是你攻击对方或者拒绝接受也无法消除的。尤其因为你是高度敏感者，不管对方表达了什么，你都会更明智地学习接受他人的行为/情感表达。这对你们双方来说都是非常宝贵的信息。在那种状况下，你们可以做出任何行为——运用反射式倾听、改变行为、道歉、表达愤怒，以及对你的行为和他人的反应提出建议，等等。

如果你还没有这种经历，那就把这个任务给你的伴侣或者朋友看，问他们是否愿意跟你一起做这个任务。你们中的一人应该选一个小冲突或者一件即将完成的事情（希望这件事不是假的小事），然后围绕着这件事交流情感。

1. 你从做出一个清晰的行为/情感表达开始。

2. 对方需要消化一下这个表达，完全理解这句话，然后用同样的话来复述这个表达。

3. 然后你就自己当前的感受再次做出行为/情感表达。

下面是让你们为彼此采取行动举的例子：

　　1. 你从做出一个清晰的行为/情感表达开始："你不把垃圾带出去的时候，我很生气。"

　　2. 你的伴侣理解了这句话后简单地复述："我不把垃圾带出去的时候，你很生气。"

　　3. 你体会了那种感受，然后做出了一个新的表达——"你重复我的话时，我比刚才更生气了"，或者"我现在开心了"，或者其他任何话都可以。这是一个非常基础的对话——

专注于你的感受。

交流的开始要引出一个关于垃圾的良好讨论，也许接下来的讨论会是，觉得谁更好利用了这些天，谁觉得生活太短无法做完所有的事情，等等，期间可能会出现反射式倾听、直觉、道歉，以及其他很多事情。不过如果事情变得模糊不明，要返回最开始的行为／情感表达。

任务等级： A 级、B 级和 C 级的关系都可以练习一个假设性表达，或者你在自己的感情中可能用到的表达，但不要以两人一组或多人一组的形式。只有 B 级和 C 级的关系可以尝试以一对一或者小组的形式，就对方的行为做出行为／情感表达——这对提升你们之间的亲密关系非常有益。

小结： 你在试着做出行为／情感表达中学到了什么？记录下来吧。

_____

_____

_____

_____

_____

_____

_____

让你的内心告诉你，你为什么会在这段关系中

这个任务是基于哈维尔·亨德里克斯的作品《获得你想要的

爱：情侣指南》(*Getting the Love You Want: A Guide for Couples*)，我真的非常推荐这本书。哈维尔·亨德里克斯跟史坦纳一样，有着多年的经验，所以思想有深度，也有一定的难懂之处。这个任务很复杂，但是只为一点——我在努力帮助你们进入自己无意识的精神世界。所以我觉得虽然复杂但是值得。

你描述一个人时用的词语

1. 想三个你以前最喜欢的和最不喜欢的特质，这些特质要跟你父母以及对你童年影响非常大的人有关：兄弟姐妹、最好的朋友、保姆、祖父母或者其他人。下面只是一个例子，我后面会经常提及：

	最喜欢的特质			最不喜欢的特质		
母亲	慷慨	严肃	忠诚	疲惫	反应过度	沉闷
父亲	有趣	强壮	成功	爱生气	忙碌	顽固
姐姐	聪明	富有	无忧无虑	控制欲强	迟钝	吝啬

在下面填上你自己的内容：

	最喜欢的特质			最不喜欢的特质		
母亲						
父亲						

2. 现在写下你自己最好和最坏的三个特质。这里有个例子：

	最喜欢的特质			最不喜欢的特质		
我	努力	有激情	敏感	穷	理解慢	精力不足

在下面填上你自己的内容：

	最喜欢的特质			最不喜欢的特质		
我						

3. 在你不怎么记得你和家人的这些特质的时候，另找一天写下你对伴侣最喜欢和最不喜欢的特质——你爱这个人什么，最不喜欢他什么？例子如下：

	最喜欢的特质			最不喜欢的特质		
伴侣	有趣	精力充沛	守信	工作狂	爱用陈词滥调	不擅长理财

在下面填上你自己的内容：

	最喜欢的特质			最不喜欢的特质		
伴侣						

确定你的情结所在

现在我们可以说一下这个任务的目的了。这个任务是为了帮助你们看清自己和伴侣的关系中有多少问题（你对他的抱怨会让你有时或经常考虑结束这段关系）是和你自身有关，和你的过度情绪反应即"情结"有关（我们在第 159 页介绍过"情结"——常因不愉快的经历而形成，也会在这个任务中进一步讨论）。第 237 页的内容是重新整理你在上文提及的那些特质，将他们分别放入你用来形容他人的主要类别里。下文的例子会有助于你理解。

1. 把你形容别人时用过的词分类，每个类别下分正面和负面两个方面，然后将这些词放入分类。每对一个词分类，就在后面括号中写上所形容的人。做这个任务的一个方法就是从你写下的第一个特质开始，第一个词是关于母亲的，将这个词视为一个类别，然后找出其他跟这个词相近的词放入这一类别。将这些词放入时要逐一跟第一个特质对照。如果下一个词与第一个特质不匹配，那就新建一个分类，以此类推。（如果一个词同时适用于两个类别，也可以一词用多次——不过要确保每个词都要放入至少一个类别。）

在第 235 页已经填好的例子里，你的第一个特质和主要类别会是"慷慨"（括号中写上"母亲"）。因为你认为这是一个正面的特质，所以这个特质会在正面特质那一类。继续浏览关于母亲你最喜欢和最不喜欢的特质，你会发现没有跟"慷慨"相近和相反的词了。然而，在对父亲的特质分类时，会看到"爱生气"，这对你来说是一个几乎与"慷慨"相反的词，所以就像例子中那样，你把它（括号中写上"父亲"）放在了负面特质那一类。继续下去是"吝啬"（姐姐），你把这个词放在了负面特质那里。接下来是

"有激情"（自己），你把它放在了正面特质一类。

2. 继续把所有你用来形容人的词分类，不过不必苛求完美。在我们的例子中，你会回到形容母亲的第二个词，"严肃"。这个会比之前的难分一点，因为你喜欢她的严肃，但你也知道与它相对的词是幽默，而你喜欢伴侣的幽默远胜过喜欢母亲的"严肃"。所以你把"严肃"这个词放到了负面特质里，把父亲的"有趣"放到了正面特质。接下来就是父亲的"有趣"和姐姐的"无忧无虑"也放在了正面特质里。**划重点：不必苛求完美。**

3. 如果有些特质跟你已经建立的分类只是看起来有点相似或相反，那就把它们放在下一行的"可能相关词汇"中。在例子中可以看到，在"可能相关词汇"一行中，我们想象在你的脑海中"忠诚"（母亲）和"守信"（伴侣）似乎与慷慨相关，而"控制欲强"（姐姐）和"工作狂"（伴侣）对你来说也是类似特质，所以就把它们放到负面特质一栏。

如果一个词看起来哪个分类都不适用呢，要给它单独建一个分类吗？如果它对你很重要，那就单独建一个分类；如若不然，把它放到"可能相关词汇"的一个分类中就好。**再次划重点：不必苛求完美。**

4. 给整个分类加一个标题（正面和负面都要有）写在"主要类别"一行。在给出的例子中，你可能会给第一个"主要类别"写上"慷慨 / 吝啬"。

5. 继续这个过程，创建更多分类，直到你用完你最喜欢和最不喜欢的所有人的特质。

虚构的例子：

主要类别　　慷慨 / 吝啬		
	正面词汇	负面词汇
所有相似词汇	慷慨（母亲）	爱生气（父亲）
	有激情（自己）	吝啬（姐姐）
可能相关词汇	忠诚（母亲）	控制欲强（姐姐）
	守信（伴侣）	工作狂（伴侣）

主要类别　　幽默 / 严肃		
	正面词汇	负面词汇
所有相似词汇	有趣（伴侣）	严肃（母亲）
	无忧无虑（姐姐）	
	有趣（父亲）	
可能相关词汇	忠诚（母亲）	努力（自己）
	守信（伴侣）	

主要类别　　精力充沛 / 疲惫		
	正面词汇	负面词汇
所有相似词汇	精力充沛（伴侣）	疲惫（母亲）
	有激情（自己）	精力不足（自己）
可能相关词汇	强壮（父亲）	
	成功（父亲）	
	努力（自己）	

主要类别 不忙 / 忙		
	正面词汇	负面词汇
所有相似词汇	忠诚（母亲）	忙碌（父亲）
	守信（伴侣）	工作狂（伴侣）
可能相关词汇	成功（父亲）	努力（自己）
	努力（自己）	

主要类别 聪明 / 愚蠢		
	正面词汇	负面词汇
所有相似词汇	聪明（姐姐）	理解慢（自己）
		爱用陈词滥调（伴侣）
		沉闷（母亲）
可能相关词汇	成功（父亲）	不擅长理财（伴侣）
		工作狂（伴侣）

主要类别 富有 / 贫穷		
	正面词汇	负面词汇
所有相似词汇	富有（姐姐）	穷（自己）
可能相关词汇	成功（父亲）	不擅长理财（伴侣）

主要类别　　敏感 / 不敏感		
	正面词汇	负面词汇
所有相似词汇	敏感（自己）	迟钝（姐姐）
可能相关词汇	反应过度（母亲）	强壮（父亲）
		顽固（父亲）

主要类别＿＿＿＿＿＿＿		
	正面词汇	负面词汇
所有相似词汇		
可能相关词汇		

主要类别＿＿＿＿＿＿＿		
	正面词汇	负面词汇
所有相似词汇		
可能相关词汇		

主要类别_____		
	正面词汇	负面词汇
所有相似词汇		
可能相关词汇		

主要类别_____		
	正面词汇	负面词汇
所有相似词汇		
可能相关词汇		

主要类别_____		
	正面词汇	负面词汇
所有相似词汇		
可能相关词汇		

238

主要类别＿＿＿＿		
	正面词汇	负面词汇
所有相似词汇		
可能相关词汇		

主要类别＿＿＿＿		
	正面词汇	负面词汇
所有相似词汇		
可能相关词汇		

更多关于情结的内容

回顾第 159 页对情结的描述，再看看你刚才填的关于特质的表格。为了跟我一起进行这个任务，我们假定刚才的"主要类别"是你情结的大致概况，至少是与你的感情相关的情结概况。这些类别就是花费你精力的地方，就是可能会让你易怒或者固执己见的话题。情结的另一种定义是，这是一个黑洞，把你所有大致相关的经历都吸进去。举例来说，如果你有受害 / 支配或者控制 / 被控制的情结，每个人都会被你有意无意地评价：他们有人地位高于你，想要支配你、侮辱你或者控制你；有的人地位低于你，只要你想，就可以很轻易地支配或者控制他们。

情结总是有两方面，或者说两个极端。一端是我们认同、拥有或者意识到的。另一端是我们拒绝、不喜欢或者没有意识到它们的存在的。当我们处于某一情结中，不是在这一端就是在那一端。有情结的另一个迹象是，在这一领域内你相当坚持"非黑即白"。你给人的标签往往是这个（好的）或者那个（坏的）。也就是说，要么处于这一端，要么处于另一端——没有中间地带。

例子中没有的几个类别 / 情结：

• 自给自足 / 需要帮助

• 男性化 / 女性化

• 值得信赖 / 可能背叛

• 理智 / 不理智

• 有教养 / 粗野

• 亲密 / 疏远

• 服从 / 主导

• 功成名就 / 一无所成

• 羞怯 / 外向

• 有责任心 / 不负责任

• 品行端正 / 作恶多端

这个清单还可以继续列下去，但不是无限的。如果有些主题对你来说很重要，但是你却忘记了，也别担心，在这个任务的第二步为它们建一个新的"主要类别"。

现在我们要开始考虑你的情结和感情之间的关系了。你要列一个关于你的情结的新清单（就像上一个清单中的"主要类别"一样）——还要包含对应的人和对应的正面以及负面特质。如果你也是其中之一，那就把自己列在最后。

你可以像下面这样列这个清单：

正面特质	对应的人	负面特质	对应的人
慷慨	母亲，伴侣，自己	吝啬	姐姐，父亲，伴侣
精力充沛	伴侣，父亲，自己	疲惫	母亲，自己
幽默	伴侣，姐姐，父亲	严肃	母亲，自己
不忙	母亲，伴侣	忙碌	父亲，伴侣，自己
聪明	姐姐，父亲	愚蠢	伴侣，母亲，自己
富有	姐姐，父亲	穷	伴侣，自己
敏感	母亲，自己	迟钝	姐姐，父亲

你的清单：

正面特质	对应的人	负面特质	对应的人

建立联系

接下来我们会寻找其中的联系，不过暂时不考虑你的伴侣。

1. 第一个联系建立在接下来的这些问题上：你与谁更相似呢？在我们举出的例子中，很多时候这个人是母亲。接下来回顾任务之初，看看这个和你最相似的人有哪些你最喜欢和最不喜欢的地方，思考一下整个任务。如果和你很像的这个人有某些特质而你并未提及自己有，那你对自己会有何感想呢？除了和其共有的特质外，你也想拥有这些特质吗？或者你在自己身上看到了这些特质，但是很讨厌这些特质，所以假装自己没有吗？还是更加强调它们的对立特质？又或者，先不论喜不喜欢，你是不是一直完全没有意识到它们的存在？

在这个例子中，如果这个人是你，你所列举的关于你自己的很多内容与你母亲的重合，那么你要看看自己对她还有过哪些描述。"反应过度"——你觉得你有像母亲那样反应过度吗？你觉得这个特质还算正常吗？还是说这正是你一直努力对抗的地方？

对于和你最相似的人（不包括你的伴侣）身上你最喜欢但却没有的特质，你是怎么想的呢？写下你的感受吧。

_____

_____

_____

2. 谁和你性格最相反（你的伴侣还是不算在内）？在我们的例子中，有两个人非常明显：父亲和姐姐。和你性格最相反的人给你的阴影最大。这在跟你同性别或者你的兄弟姐妹那里表现尤其明显。两姐妹或者两兄弟常常在性格上变得"完全相反"。有时候这是家庭原因所迫，因为家人总是拿两人做对比。"乔伊很聪明——如果乔西能有乔伊一半的聪明，而乔伊有乔西的一点幽默感就好了。"而最坏的对比是，"萨利这么乖巧但简却这么淘气"。

从某种意义上来说，家人"分配"给你的兄弟或者姐妹的特质就不属于你。你可能不会再有那些特质，或者你会让你的父母"失望"（成为父母对错与否的证明），即便你做出按照自己被分配的特质上未被要求的行为，可能只会被无视。不过如果你身边没有一个对这些特质了如指掌的人，你失去的这些相反的特质和行为还是会在你身体中存在。你还是知道如何成为跟现在相反（坏替代好，有趣替代严肃，控制欲替代了被控制）的人，这些想法一直在你的无意识中徘徊。

因为你不崇拜自己的父母，他以前对你并不好，所以你可能会变成跟父母性格相反的人。但不管是什么原因，你都拒绝成为跟他们一样的人，从而失去了父母所拥有的知识和看问题的角度。当然，你可能已经从父母身上学到了很多，但是一直拒绝表现出那个隐藏的自己。

如果上述例子中的人是你，是那个被压抑，但却有潜力变富有的你呢？虽然你并不崇拜成功的父亲和姐姐，但你一定从他们身上观察到了赚钱的某些能力。那个有趣的你呢？还是说为了避免和他们一样，你不得不严肃起来？

现在，写下你跟你不喜欢或者可能最不喜欢的人（不包括你的伴侣）相似但却一直被压抑的地方。

你和伴侣

重点来啦。先看一看你最初列的不喜欢伴侣的地方，在我们的例子中是工作狂、爱用陈词滥调以及不擅长理财。那么，假定例子中的列表就是你自己列出的特质，我们就来看一看你的问题会怎么影响到你对伴侣性格的评定。并不是说你的伴侣没有切实的缺点，而是说，这个任务是要看你有没有对一件琐事反应过度，或者你为什么尤其对伴侣的这几点感到恼火。例如，你会不会投射（分配给另一个人）一些你意识到但不喜欢，甚至完全否认的特质？要明白这一点，它有助于帮你看清你何时会把自己放在正面特质一栏，而把伴侣放在另一栏。

我们还是假定例子中的列表就是你的列表，你认为你的伴侣慷慨又吝啬。你的伴侣在"吝啬"这一栏，其原因是你最初说他工作狂（虽然他在这一点上不一定这么不好，因为你在描述他时用了"守信"，所以等于承认对方慷慨）。你认为自己慷慨（有激情），对你来说像母亲一样慷慨而充满激情，而不是像父亲和姐姐一样严苛，这很重要。你可能永远也不想成为严苛的人，也不想你的伴侣成为这样的人。然而在感情里很难不先入为主，所以当你的伴侣对工作付出太多精力时，你开始通过自己的慷慨 / 吝啬的眼镜去看待她。

你还承认自己"努力"。那你的工作和你伴侣的工作有很大的不同吗？你可能把自己的努力视为一个好的方面，是你对家庭贡

244

献的一部分，或者这只是你想成为的样子。你问过你的伴侣他为什么这么拼命工作，并且，你真正用心听了吗？

我们再来看"爱用陈词滥调"。依然假定例子中是你自己的列表，但看起来你和你的伴侣好像在受到同样不好的对待——你以为伴侣和你一样不喜欢"愚蠢"（理解慢）的自己，认为你们俩都不如你的父亲和姐姐。但是你们俩真的只值得这样的评价吗？

最后，我们来看一下"不擅长理财"这一特质。也许你最开始被你的伴侣吸引不是因为他像你的父亲，而是更像你——不擅长理财。但现在这带来一个问题，因为穷和富对你来说都是问题。你因为自己的穷埋怨过伴侣吗？

这种思考真的很难很难，但是它对感情确实有益。所以，为自己的感情试一下。也就是说，将上面的例子作为参考，思考你列出的伴侣的缺点跟你的情结可能的关联。写下你的收获。

_____

_____

_____

_____

_____

_____

继续思考这一逻辑关系，看你伴侣的特质和谁的特质相同，进而就能知道你的伴侣和谁在同一栏，从而看出你把谁的影子投射到了自己伴侣的身上。对待伴侣，你有时会像对待某人一样吗？即便你的伴侣只是和那个人有一点相似？

再次假定上述例子中的列表就是你的列表，那你应该问问自己，在把糟糕的**姐姐**或者你毫无爱心的**父亲**的影子投射到自己伴侣的身上后，你对他们有没有过相似的反应。我之所以把这两个人加粗表示，是因为他们是那种在童年时就被传得神乎其神的人。每个人都知道他们，可能是因为他们作为原型存在于我们的集体无意识中。当然他们通常经由童话和故事而刻入我们的大脑——这些故事教导我们如何分辨并对付这些作为原型而普遍存在的人，以及各种危险的情况。但这些故事为了自己的目的通常会夸大他们的某些特质，如邪恶的继母、凶残的兄弟、不负责任的母亲。

到了成年，我们有感情的大脑会对某些警示危险人物的小信号自动做出夸张的反应。一句话、一个眼神，甚至一个声音或一种味道，都能让我们把自己的伴侣当作"原型"人物。

很经典的情形就是：你的伴侣只是问了一个问题或者表达了一个需求，而你立刻就觉得自己被攻击了，或者受伤了。真的很难相信你的反应全都是源于另一个人。不过对你来说，这个问题带有让人难以置信的能量，而另一个人也对你的反应感到困惑，那可能就是情结在作祟。

在下面写出你有时会把谁的影子投射到自己的伴侣身上。

_____

_____

_____

_____

列出你认为的你伴侣身上存在的缺点和问题，找出与你过去更多的联系。

1. 缺点／问题: ＿＿＿＿＿＿＿＿＿＿＿＿＿＿＿＿＿＿＿＿

联系: ＿＿＿＿＿＿＿＿＿＿＿＿＿＿＿＿＿＿＿＿＿＿＿

＿＿＿＿＿＿＿＿＿＿＿＿＿＿＿＿＿＿＿＿＿＿＿＿＿

2. 缺点／问题: ＿＿＿＿＿＿＿＿＿＿＿＿＿＿＿＿＿＿＿＿

联系: ＿＿＿＿＿＿＿＿＿＿＿＿＿＿＿＿＿＿＿＿＿＿＿

＿＿＿＿＿＿＿＿＿＿＿＿＿＿＿＿＿＿＿＿＿＿＿＿＿

3. 缺点／问题: ＿＿＿＿＿＿＿＿＿＿＿＿＿＿＿＿＿＿＿＿

联系: ＿＿＿＿＿＿＿＿＿＿＿＿＿＿＿＿＿＿＿＿＿＿＿

＿＿＿＿＿＿＿＿＿＿＿＿＿＿＿＿＿＿＿＿＿＿＿＿＿

4. 缺点／问题: ＿＿＿＿＿＿＿＿＿＿＿＿＿＿＿＿＿＿＿＿

联系: ＿＿＿＿＿＿＿＿＿＿＿＿＿＿＿＿＿＿＿＿＿＿＿

＿＿＿＿＿＿＿＿＿＿＿＿＿＿＿＿＿＿＿＿＿＿＿＿＿

5. 缺点／问题: ＿＿＿＿＿＿＿＿＿＿＿＿＿＿＿＿＿＿＿＿

联系: ＿＿＿＿＿＿＿＿＿＿＿＿＿＿＿＿＿＿＿＿＿＿＿

＿＿＿＿＿＿＿＿＿＿＿＿＿＿＿＿＿＿＿＿＿＿＿＿＿

你的敏感情结

最后但同样重要的一点，你的敏感度怎么样？你对谁敏感？对谁敏感和你的生活有怎样的联系？你伴侣的敏感度如何？

我们还是把例子中的内容当成是你自己的，那你立刻就知道了自己很讨人嫌的姐姐不敏感。有趣的是，尽管你表面上评价你疲惫的母亲"反应过度"，但是你没有再对其他人做出"迟钝"这一评价，可能"反应过度"是你的敏感显现出来的一种负面情感，与你母亲的"疲惫"和"沉闷"上下呼应。这些可能是你无意识地看待敏感者的方式——也就是看待你自己的方式。敏感与否并不是你加诸伴侣身上的一个特质类别。这会不会是你害怕意识到你们两人之间的差异而出现的结果呢？

在这里写下你的思考：

_____

_____

_____

_____

任务等级：只有 C 级的关系才可以讨论这一任务。

小结：这是一个很长而且很难的任务。坐下来闭上眼睛放松一会。或者专门找一两天来写下你的所思所想。总有一天，你会发现自己全部的感情都因这一任务而有所改变。

对我来说，在感情里，尊重是最难，也最宝贵的要素，而且这是无法强制的。如果你总是把伴侣的缺点放在眼前，那你会很难尊重对方。当然，每个人都有缺点。不过就算知道对方的缺点还是爱他——这才是所有感情中最棘手、最珍贵的事情。并且，看看你伴侣的缺点中有哪些是你自己的问题，这也是很重要的一步。这不只是为了你们的感情，也为了你的自我了解。所以我给这个任务的标题是"让你的内心告诉你，你与他人的关系为什么是这样的"。这个标题现在对你来说有点意义了吗？

你可以在这里写下任何你想到的点：

第八章

治愈深层创伤

高度敏感者并不是生来就受过伤害，就神经过敏、焦虑、抑郁。我们在足够好的环境中时，也会很好。这里的"足够好"并不是受到特殊保护，而只是一个正常的尊重他人的环境。事实上，医学研究表明，高度敏感者如果在一个正常的学校和家庭环境中成长，那我们的身体会比非高度敏感者更健康，这也有可能意味着我们的精神更健康。

不过另一方面，不够正常的环境经常存在。比如说，在大多数工业化国家，约有过半数的孩子在成长过程中跟自己的第一看护人（通常是他们的母亲，而他们的母亲也经历过不安全型依恋关系）不是安全型依恋关系。这说明约有半数的高度敏感者在童年时也没有安全的依恋关系。

家庭环境可以很好，也同样可以很坏，还可以介于两者之间。学校和社区环境也一样。那么这些家庭的孩子在成年后可能会遇到各种各样的创伤——成为受害者，目睹某场事故或者灾难，在一场事故或者灾难中存活下来，失去挚爱，患上绝症，等等。高度敏感者在紧急事态中往往表现良好，但在应对创伤余波上比旁人更脆弱，特别是如果我们的精神／身体状态因为以前的压力而没有处于极佳的状态。

一位高度敏感者如果童年悲惨或者成年不幸，那么他可能会比其他人更容易陷入焦虑或者抑郁。从心理上说，我们比别人更难相信这世界以及这世界上的人。这没什么好惊讶的。高度敏感者作为"深度思考者"，在有过这样、那样的经历后，看待世界的方式和角度自然会不一样。用生物术语来说，我们是为处理细节而非接纳一切而生，所以我们的大脑会更容易被这些超出我们承受范围的经历伤害。经历过这种伤害后，我们的大脑在应对未来的高压事件时，灵活性会有所减弱，而当再次经历这种高压时刻时，我们就会比非高度敏感者更难应对它。

有人可能会争辩说，高度敏感者天生就更容易焦虑和抑郁，但是这就跟形容一位金发女郎"是个蓝眼睛但是易得皮肤癌的漂亮女人"一样奇怪。某一部分人潜在的性格不应该成为所有人的标签，所以作为高度敏感者，你不该接受任何将你的特质病理化的标签。

不过同时，有研究表明，你可以也应该接受的是，你可能要比非高度敏感者花费更多的时间来治愈过去受到的伤害。你可能会听到一个典型的责问就是："你为什么要花这么多时间做心理治疗？"或者"你是在读自助书吗？"或者"你要去上那种课程？"我们的回答是：是的。对高度敏感者来说，痛苦的生活经历对他的影响更大。（我还喜欢这样的回答：我们通过内心的努力而成长，就像运动员通过体育锻炼而成长一样。）

本章会先教你如何找到一位好的心理医生，因为很多人问过我这个问题。然后你需要做一些任务以激起你寻求心理医生帮助的欲望。

在第391页的附录上，提供了包括高度敏感者在内的所有人都可能会有的几种抑郁和焦虑的诊断标准。能分辨普通的忧郁和深度抑郁总是有好处的。严重的抑郁和焦虑持续的时间越长，就越难治愈，复发的可能性也越大。不过，因为就算只是阅读附录中的症状列表也可能让高度敏感者得"医学生症候群"（让自己相信自己确实得了这种病），所以如果你没有兴趣或者觉得没必要读，那就不要读，这并不是强制内容。

如何选择一位心理医生

很多人来信说，想要一些关于如何选择心理医生的信息，而我在这本书中也多次推荐心理治疗。事实上，我推荐给你们的都是精心选择的，我也愿意给大家一个推荐名单，并希望大家在决定之前把我推荐的人都确认一遍，看是否适合自己。至于如何决定，这是一个过程。我有几个建议步骤，大家要一步步来，确保没有遗漏步骤。

☐ **你要清楚这个决定对你的生活有着深远的影响。**你选择的这个人会进入你的生活。需要注意的是，心理医生在训练、治疗方法、性格以及最重要的道德问题（这些大部分都会归于"保持合适的界限"）方面与牙医或临床医生有很大的不同。你需要在见过几位心理医生后再决定接受哪位医生的治疗。不要在电话本上看到第一个名字就打电话。

☐ **你见的心理医生必须要有执照。**执照不能保证一切，而且可能有很多没有执照的心理医生也能做得很好（虽然有执照许可法，但人们总是从中寻找漏洞）。尽管如此，你最好还是有点好奇心，问问对方为什么没有拿到执照。如果你不确定对方是否有执照，那就要求看对方的执照，并与执照注册机构公布的名字做核对。

☐ **查清你的保险覆盖范围，阅读保险单上的小字印刷条款。**一般来说，你的保险中会覆盖一些精神疾病，但是一旦涉及到健康维护组织（编者注：健康维护组织，Health Maintenance Organization，简称为HMO，是指一种在收取固定预付费用后，为特定地区主动参保人群提供全面医疗服务的体系)，事情就会变得相当怪异。你可能要过一个筛查，告诉筛查人员你的所有问题。你必须要想清楚是否想让自己的事情广为流传，因为一旦说出来，后续会发生什么就不是你能控制的了。保险对治疗疗程也有所限制，也就是说，即便更长时间的治疗对你更有效，但你的治疗时间还是会根据保险中的限制来安排。你要确认如果治疗时间超过了保险覆盖时间，你的心理医生会如何收费。

□ 问问你的朋友或专业人士有没有熟识的心理医生，申请转诊，尤其关注那些能告诉你接受他的治疗会是什么状况的医生。不过，不要跟你朋友接受同一位心理医生的治疗，除非你所在的镇太小无法避免这种情况（并且如果朋友或者亲戚是心理医生的话，显然最好不要接受他们的治疗）。不要跟伴侣接受同一位心理医生的治疗（如果有心理医生建议这么做，最好要警惕）。还要注意的是，不要因为别人给你推荐而基于任何微妙的责任心去接受某位心理医生的治疗。

□ 给你敬重的专业机构或者学校打电话，询问他们的成员、毕业生或者实习医生。如果你倾向于诸如弗洛伊德精神分析说、完形疗法或者沟通分析疗法等特定的方法，那就联系教这种课的人。（比如，试着打给当地的荣格学院或者荣格分析学会——详情请参阅参考文献，见第 385 页。）

□ 有了一个名单之后，你要至少打给两到三位心理医生，确认他们是否有跟你时间相符的档期，看你到那里是否方便

（如果需要长距离开车那就要慎重考虑一下——因为接下来你要日复一日地开这么久的车去那里），还要看看你是否能负担得起治疗费。他们可能会先了解你的需求，然后根据每个人的不同需求来收费。不过，最忙的（通常也是最贵的）心理医生一般不会为某个人单独减少收费（后面会有更多关于收费的内容）。最好不要通过电话确认更多的详细信息，除非对方也愿意这么做。大多数心理医生都认为双方需要见个面，病人确认是否接受这位心理医生的治疗，而心理医生也要确认自己是否接收这位病人。所以安排一次见面会更好。

□ **不要为了省钱而让没有执照或者没怎么接受过培训的心理医生给你治疗。**你在这里省了钱，会在其他方面付出更多。要找就找最好的。只要你不对他们的帮助表现得理所应当，并尊重他们以此为谋生手段的需求（他们确实会赚取高额治疗费——因为这不是件容易的工作），最好的心理医生往往会被病人对心理治疗的热切渴望所感动。你要表明自己所能支付的价格范围，同时也问问对方是否有费用减少的范畴，或者有没有低收费名额（有些心理医生会提供公众服务），如果没有，那就问问对方知不知道哪位心理医生目前有这种名额。大多数心理医生都会知道哪里有实习医生、低收费的诊所或者培训实习医生的学校。打给学校和专业机构（见上文），询问他们是否有了解的实习医生或者其他收费低的名额。实习医生也许缺乏经验，但是他们有热情并且了解最新的心理治疗研究成果。

心理医生要想拿到最高等级的执照，往往需要数千小时的经验积累，并且受到良好的监管。尽管他给你的意见可能也给过别人，但那是真正的专家意见。试着找一位打算开私人心理咨询室的医生，并光顾他的咨询室。（通常他们会把你的费用压低。）

☐ **在第一次治疗时就做好付钱的准备（虽然很多心理医生不会在第一次时就收钱）并且提前知道费用。**高度敏感者不该在一天内跟两位心理医生见面——这种治疗需要你付出全部精力，所以到了第二次的时候你看起来反应就有些迟钝，因为你那时的状态确实是有些迟钝。

☐ **第一次治疗时提出最困扰你的问题，看你选择的这位心理医生是否能提出有益的想法。**如果你想做梦境分析，可以提前准备好一个最近做过的、重现的或者困扰你的梦境。

不管你需要怎样的帮助，都可以问对方帮助你的计划。心理医生也会想问你一些问题，不过这次治疗你至少要拿出一半时间来谈谈心中的疑惑，并评判对方是否能帮你解决问题。

☐ **跟对方谈及你的敏感和《天生敏感》这本书。**你要确认对方对这个概念是否理解，因为这对你很重要。虽然其他因素也很重要，但其实你可能会想与一位高度敏感的心理医生相处（我就是这样）。我以前总希望心理医生们都是高度敏感者，但他们不是。

☐ **除了希望对方是高度敏感者，你还会希望他善良且富有同情心——心理医生会有这样的培训。**如果你选择的这位不是这样，那就不要再去第二次了。我们假设这种同情是心理医生赠予你的礼物，那么你在这次治疗中收获了什么呢？你有充分参与这次治疗并且期待第二次吗？

☐ 如果心理医生让你配合他的工作，阻止你与其他待选的心理医生见面，或者有任何地方让你觉得他们的要求会不利于你的治疗（比如他们把你看作自己辉煌故事的听众，或者想让你对他们的才华印象深刻），那就另择高明。

☐ 与几位心理医生见过面后，暂停几天来整理思绪（否则最后一位心理医生会给你最深刻的印象）。你对每位心理医生有何印象？不要忽略自己对细节（如办公室）的反应——这些细节才能更多地反映出真实的对方。

☐ 注意你的精神对每位心理医生的反应及其在梦中呈现的线索。

☐ 如果你打算接受长期治疗，那就跟你最喜欢的心理医生预约四到六期的治疗，之后你们双方都可以看看成效。下次接受这位心理医生的治疗时，想一想你还需要了解对方的哪些方面，包括对方的办公室习惯，比如如果你临时取消预约会如何，或者费用多久涨一次等。这些信息能让你更清楚你们会如何配合。

☐ 一旦决定，就不要再改变。要在生活的起落中相信自己的选择，除非发生了不同寻常的事，比如你的心理医生提出跟你发生亲密关系或者建立友谊（这绝对是缺乏职业道德而且不正确的），或者其他让你们之间的界限出现问题的事情（比如在办公室之外的其他地方见面）。不要尝试同时接受两位心理医生的治疗，除非是其中一位将你转诊给另一位。至于说夫妻咨询，最好不要两人接受同一位心理医生的治疗。如果事情的发展不似你所预期的，在治疗结束前就一些细节和你的心理医生谈谈原因。

任务等级：B 级和 C 级。你们可以互相说出自己心理医生的名字，并在选择心理医生的过程中互相帮助，但是要清楚这最终属于私人决定。

倾诉过往所带来的治愈力量

研究表明，人们就算只写下一件恼人的事，身体和精神都会明显地比以往更加健康，这种健康有时能持续多年，即便他们从未将所写的东西示人。接下来的两个任务就是基于这一治愈方法。

你要写的第一个故事是有关你童年的事情，写下大致脉络即可。而第二个故事则是写你成年后的一次具体创伤。你可以选其中一个来写，或者两个都写，也可以一个都不写。我说可以都不写，是因为这两个故事可能都是让人紧张的任务。如果你以前从未想到我建议你在这里记录的事件，你可能会有强烈的情绪反应。在这种情况下，我力劝你去找心理医生谈谈这些事。

当然，如果你有心理医生，那你还可以把自己写的内容拿给医生看。如果没有的话，你可以拿给其他人看。不过选择给谁看，由谁给你修复情感非常重要——这个人不能因此而感到烦恼，并告诉你试着忘了这些，或者因你的敏感而责备你，等等。我想强调这件事，因为如果你给没有准备好认真倾听的人分享你的故事，你可能会受到很大的伤害。

说说是什么伤害了你，谁伤害了你，事情的经过是怎样的

第一个任务尤其适合童年时经历了长期、反复的创伤或者不被重视、有着不安全型依恋关系或者家庭环境不正常的人。你们中有些人已经通过跟心理医生或者身边的人聊天，释怀了这些事。如果你希望的话，你可以跳过这个任务。但即使经过治疗，你也很难直面那些曾让你痛苦挣扎的过去。

我不是要你谴责任何人。你只需要私下讲述自己的过往经历，所以不必感到愤怒、羞愧。

写下或简单列出所有在你年轻和脆弱时塑造你的事件、因素和不稳定的关系。我已经列出了一些可能的因素，免得你忘记一些不寻常的情况，因为那些情况可能在你小时候看起来很平常。

- 经常搬家
- 失去父亲、母亲或者兄弟姐妹
- 家人生过大病
- 你生过大病或者慢性病
- 家人有精神疾病
- 家人有自杀行为
- 家人对酒精或者其他东西上瘾
- 贫穷
- 歧视
- 不被重视
- 身体上的虐待
- 语言暴力
- 性暴力

- 离婚

- 单亲

- 残忍对待或者控制兄弟姐妹

- 被同龄人嘲笑

- 监护人或者临时保姆总是在你开始依赖时消失

- 老师的不公正对待

- 肥胖

- 过瘦

- 父母因为生病或者失业等而压力巨大

- 父母经常打架

- 父母因你打架（例如争夺监护权）

- 家庭暴力

- 父母不希望你出生

- 父母不喜欢你的敏感

- 因成绩而得到过多的奖励，却没有因为做自己而得到足够的奖励

- 作为孩子，必须要照顾父母

- 父亲或者母亲是自恋者、反社会者，或在其他方面有严重的性格障碍

- 被父亲或母亲遗弃

- 为一些你不可以与别人讨论的事感到内疚

- 常感到绝望或者想去死

- 常感到害怕

- 不顾你的意愿送你去学校或者夏令营；你很想家

- 因容貌被批判

- 作为青少年酗酒或者吸食毒品，想自杀

- 作为青少年被欺负

在下面横线处写下你的故事或者列出影响你的事件吧，不过如果这个任务让你非常痛苦，那就停下来。选择从小的事情再次开始，或者把这个任务带到心理医生那里去完成，也可以在他人的陪伴下完成，不过这个人要能帮助你表达出自己的情感，并且能包容这种情感。这个任务的原意是，将所有事实作为一个整体或者串连成一个故事记录下来，感受其中所有的情感。之后尽可能频繁地回顾这个故事，用任何你能想到的方式来思考它、阅读它、学习它，如果你愿意的话还可以讨论其中的问题，直到你能包容这种情感，感受到这种情感渐渐消失，而你的情绪慢慢归于平静。

不要错把情感的分解、否认和麻木当成情感的缓解，因为情感只能在你消化了这个故事后才会得以缓解。（区分两者的一个方法是，你的噩梦、压力性症状、毒瘾等状况减轻，而你能更好地照顾自己。）也许会有新一轮的痛苦席卷你的生活，但是力量不会再那么强大，所以心中要有希望。这种痛苦重新袭来的时候，回到这个任务再次开始；如果痛苦比之前更甚，那就要寻求心理医生的专业帮助。

_____

_____

_____

_____

_____

_____

_____

_____

_____

_____

_____

讲述一次具体的创伤

具体的创伤会降低人对这个世界的信任度——比如出交通事故，身边亲近的人去世，成为罪行的目击者或者被强暴。高度敏感者会想的更多——即便不是有意识地想，我们在无意识的情况下也会想这些事。关于治疗创伤后遗症的研究非常清楚地表明：对大部分人来说，如果创伤后的情绪久未平复，那唯一的方法就是直面创伤，重新经历直至自己的意识完全接纳这一创伤。如果可以的话，找出创伤之后的意义，调整自己，然后开辟出一条新路继续信任这个世界。

有些人认为，创伤之后保持坚忍是一种英雄主义，并且不能忍受在创伤之后"经常"思考或者谈起这件事。但事实是，那些能主动表述创伤的人反而更有可能走出创伤。拒绝走出创伤并不英勇。如果你拒绝思考或者拒绝跟他人谈及痛苦的内心经历，这种抑制很可能源自你的童年，或者某些让你羞愧或者有负罪感的创伤。这种拒绝本身就是一种需要讨论并治愈的创伤，但肯定也需要心理医生的帮助。

再度体验之前的创伤无疑是痛苦的，而且如果这一创伤是最近发生的或者比较严重的，并且你之前并未就此接受过专业帮助，或者如果你有所有的抑郁症状或创伤后应激障碍，那最好在专业人士的帮助下开始这次任务（见附录）。

如果你自己尝试了这一过程，并且感觉还好，那就继续吧。重述这一事件的原意是让你不再回避负面情绪，直面整个事件。在创伤中，回避似乎是必须的，起码在一开始可能是，但是之后付出的代价是高昂的。你压抑的情感会以身体或心理的症状表现出来——轻微的焦虑、容易疲惫、频繁生病、对生活缺乏热情。

不过，只是重述并重温这一经历还不够。随着时间的推移，你精神中更平和的部分会开始接受这件事，并尝试着以更客观的角度来看待它。你可能会觉得这件事确实不会再发生了，你的生活也不会因此被毁；也可能这件事发生在别人的身上，而你能学习对方的治愈方式，或者你能利用这次经历所得的经验去帮助别人；也可能这次经历让你成为更深沉的人，等等。如果你并未感受到这些正面想法，或者这些想法只是一点一点地出现，那你就需要专业人士的帮助。

所以请在下面的横线上写下所有仍在困扰你的创伤细节。尽可能多地读，直到它带给你的痛苦明显地减少，并且与之有关的噩梦和情景闪回的出现次数也比以往更少。你也可以用录音代替写字，用手机录下你所讲述的创伤，然后反复听。（如果你想要或者需要在专业人士的指导下来做，可以让你的心理医生阅读心理学家艾德娜·福阿的《治愈被强暴的创伤》（*Treating the Trauma of Rape*）——详情请参阅参考文献，见第 385 页；她在书中提供的方法不止适用于被强暴后的创伤。）

_____

_____

_____

_____

_____

_____

_____

_____

_____

_____

_____

_____

_____

_____

任务等级： C 级。你们小心翼翼而敏感地对彼此说出自己的创伤。而我希望你们能走出创伤。

小结： 写下你的创伤之后回想自己的情绪。你有特别强烈的情绪吗？有没有觉得自己在对待这件事上更客观了，或者觉得它对你的人生也是有意义的？还是你只感受到麻木或者痛苦？写下你的情绪，如果你觉得痛苦，写写你会如何帮助自己。

了解关于"情结"的更多知识

　　每个人绝对都有情结。我们在第五章和第七章中已经提到过一些，情结是你看待过去所受的伤害和创伤的另一种方式。心理创伤让我们有了情结，这就好像我们的精神试图治愈或者至少引起我们对创伤的注意，集中精力治愈创伤，虽然有时这种行为有点残忍。了解自己的情结所在也是治愈创伤的一种方式。

　　卡尔·荣格对"情结"的普及做出了巨大的贡献，同时他还研究出了字词联想测验来找出大家潜意识里的情结。这种方法是：由测试者说出一个词，即刺激词，被测试者则说出由此想到的第一个词及其反应时间。这个词往往与刺激词联系最紧密。被测试者反应时用的时间越长，越有可能是情结被激活，由此而生的复杂情感和抵触心理都在抗拒你把这一情绪带回到意识世界中。在所有的刺激词都测试完后，测试者确认被测试者对每个刺激词的反应时间，回顾不太寻常的联想词，这些词所蕴含的思维模式，以及被测试者有特殊联想的原因。

我觉得大家也可以自己来做这项测试。确定反应时间可能有些棘手，但是你可以在肆意联想的过程中观察自己对哪些词有犹豫，什么时候会有"噪音"来阻碍你。你可以在之后回想一下测试过程中那些不太寻常的联想。准备好了吗？

1. 在翻到下一页之前，先拿一张不透明的厚纸遮住下一页的内容；

2. 准备一支笔，翻到下一页，将纸慢慢往下滑直到露出第一行的刺激词，在这个词的旁边写下你看到这个词时最先想到的联想词。

3. 如果你瞬间就有了联想词，那就在数字1上画个圈；如果用了几秒钟才想到，那就在2上画个圈；而如果这个词让你停下来思考了一会，好像你的精神在为写什么而斗争的话，那就在3上画个圈。

4. 以此类推，直到做完所有词的联想。

狗	1	2	3
白天	1	2	3
停止	1	2	3
母亲	1	2	3
月亮	1	2	3
皮肤	1	2	3
假期	1	2	3
黑暗	1	2	3
疼痛	1	2	3
爱	1	2	3
父亲	1	2	3
工作	1	2	3
坟墓	1	2	3
伤害	1	2	3
钱	1	2	3
小丑	1	2	3
姐妹	1	2	3
受害人	1	2	3
朋友	1	2	3
兄弟	1	2	3
幸福	1	2	3
玩笑	1	2	3
性	1	2	3
成功	1	2	3

老师 —————— 1 2 3

虐待 —————— 1 2 3

礼物 —————— 1 2 3

漂亮 —————— 1 2 3

慢 —————— 1 2 3

婴儿 —————— 1 2 3

猫 —————— 1 2 3

警察 —————— 1 2 3

悲伤 —————— 1 2 3

英俊 —————— 1 2 3

控制 —————— 1 2 3

愚蠢 —————— 1 2 3

宠物 —————— 1 2 3

有趣 —————— 1 2 3

死亡 —————— 1 2 3

赢家 —————— 1 2 3

孩子 —————— 1 2 3

憎恶 —————— 1 2 3

成绩 —————— 1 2 3

谎言 —————— 1 2 3

良好 —————— 1 2 3

临时保姆 —————— 1 2 3

5. 再过一遍这个列表，找出你反应不寻常的地方。如果说到"狗"，你的联想词是"猫"，说到"白天"，你的联想词是"夜晚",那这肯定是不寻常的反应。提到"狗"你想到的是"害怕",提到"白天"你想到"蛇",这个算正常。在你有不寻常反应的刺激词后圈上数字3,就算你已经根据自己的联想时间圈了数字1或者2,也要这么做。

6. 看所有圈了3的刺激词——那些你需要思考才能做出反应的词,或者有不寻常反应的词。这些也许就是你的情结所在,尤其是几个词汇都暗示同一问题时,就更能说明问题了。假设你在看到"母子"这个词时停顿了很久,然后想到了"被遗弃"这个词;看到"疼痛"则想到的是"约翰"(约翰是你父母雇来照顾你的邻居的名字,但他很残忍,经常打你);看到"受害人"则想到"我";看到"虐待"则想到"愧疚"。这就需要思考一下了。你为什么会感到愧疚呢?然后看到"临时保姆"则让你想到"不好"。除了这些,还会有很多其他的联想指向这种受害人/主导者的情结。

7. 反思上述内容,并回答下面的三个问题:

• 关于你圈了3的那些刺激词以及对这些词的其他联想到的词的本源和性质,你了解多少?(如果我们上面提到的例子就是你本人的情况,为什么"母亲"对你来说等于"遗弃"?这里的"约翰"又到底是你生活中的谁呢?)

• 这些情结如何影响你的生活和人际关系?

- 你打算如何了解更多关于情结的内容——通过心理治疗、梦境、自我分析以及与他人的亲密关系吗？（我们摆脱不了情结，但是当我们想为其他受害者做点事情，或者让它对我们的生活少些控制时，我们可以更好地利用情结的力量。我们可以减轻情结对我们的影响。也许在我们以后的日子里还会不时地有那么几个小时觉得自己是情结的受害者，但是起码不再是一两个星期，甚至几个月了！）写完这个，再写下你取得的进步吧。

任务等级：C 级。只有彼此间最信赖的人才可以讨论自己的情结。

小结：把自己看成"情结型"人，带着有意识和无意识的思想、欲望和恐惧生活。思考这是否改变了你看待自己的方式?

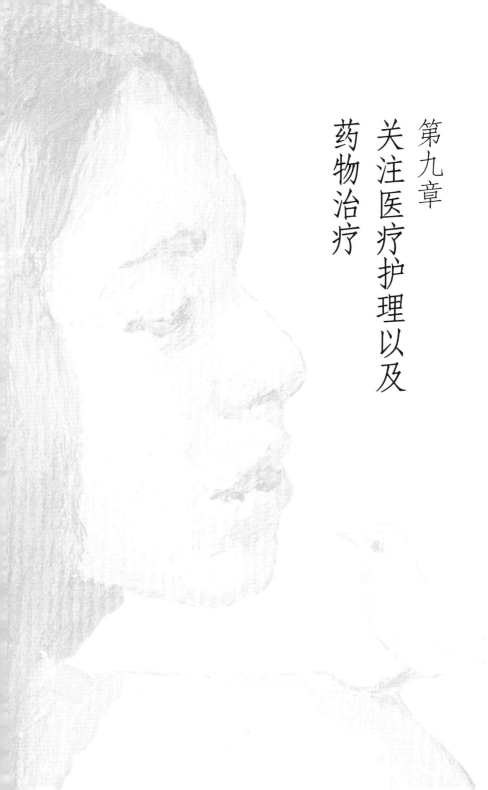

第九章

关注医疗护理以及
药物治疗

一位医生估计：医生群体中只有不到 10% 的人是高度敏感者，然而他们却要接受 45% 的高度敏感者就诊。我们其实跟其他人一样健康。我们去诊所的次数多，是因为我们的疾病（这些疾病通常与压力相关）虽然不严重但却往往是慢性的，这就需要不断就诊；此外，由于需要深入探讨治疗方案，这也使得我们的就诊次数增加。鉴于大多数高度敏感者就诊的医生都是非高度敏感者，那么出现沟通问题也就不足为奇。这些非高度敏感的医生会觉得给我们治疗不易，甚至觉得我们有些奇怪（即异于常人），我们也会觉得他们寡言无礼，毫无怜悯之心。我们带着并不确定自己是否需要的"沉甸甸"的处方，以及许多尚未解答的疑问离开诊所，因为我们太慌乱紧张，完全没有问出自己想问的。我们经常有一种强烈的疑病症感，因为我们试图描述所有那些专业人士认为不相关的细枝末节。因此，我们如果要到非高度敏感的医生那里就诊，就需要做好充分的准备，特别要准备好那些高度敏感者经常提到的问题。

　　这些问题是什么呢？我们中的许多人会对疼痛和药物更为敏感，而且会比其他患者更容易出现副作用。我们会花很长时间考虑是否要进行手术，因为做手术就需要问更多的问题，花更多的时间，变来变去，考虑备选项，等等。我们很容易对与治疗相关的事情反应过激，我们对这些问题不熟悉，所以会感到痛苦或者产生焦虑心态。

　　所有这些会使我们成为"难搞"的病人，我们可能被告知或者自己认识到这一点，但是我们也有身为病人的心态。我们更遵医嘱，对身体的警示迹象更敏感，更痛快地承担医疗责任，并更能体谅医护人员。因此，我们就医是一揽子交易——医疗人员从我们身上获益，也得接受我们"难搞"的一面。

那么，我们开始吧，帮你不再因为敏感而自责。

重塑一次重大疾病或者医疗经历

这项任务是重塑过去某次你对医疗护理经历的身体或情绪反应，你一直因为当时的反应而感到羞愧。比如，我记得一位牙医给我打了一针麻药，但是在他钻我牙齿的时候，我依旧觉得很疼。他一遍又一遍地告诉我："这一点都不疼！"他还在我边哭边竭力忍受这份疼痛的时候不停地小声咕哝。

后来，有一位牙医告诉我，我下颚的神经跟别人的有所不同。多年来，我一直因为自己异常的敏感而不断感受那种熟悉的缺陷感。

选择一段自己在生病、受伤、接受药物治疗、就诊或治疗过程中，反应不太正常或者觉得自己有错的经历（可能只是你私下里的反应）。这个事件可能是一个深深塑造了你是谁的瞬间，比如你在摔断腿时哭了，然后医生告诉你，大男孩不应该哭；或者是一系列事件，比如你总是对某类医疗检查（如抽血）或流程有什么反应。如果现在这件事看起来与高度敏感无关，也不要太过担心——你反应过激的话肯定也会在某种程度上影响它。

请在下面写出你希望重塑的事件。

_____

_____

_____

_____

现在，让我们一起重塑它们吧！

1. 回忆一下你当时对这件事的反应——尽可能多地回忆当时的情绪、行为和一些画面。

---

2. 一直以来，你对当时的反应都有何感受？

---

3. 根据你现在对高度敏感这一特质的了解，再次审视一下自己当时的反应。

---

4. 想一想，如果你和你身边的人知道你是高度敏感者，并为此调整了自己的做事方式，那这件事的消极方面会得以避免吗？或者说会有不同的后续发展吗？

_____

_____

_____

_____

_____

5. 如果了解了高度敏感这一特质会让你免受当时的遭遇，或者让你的人生中没有这段经历，那么多花些时间想想，你究竟该如何看待这件事。

_____

_____

_____

_____

_____

6. 写下你对这件事的新理解，并时常返回来读，直到你完全领会了它的意义为止。

_____

_____

_____

_____

任务等级：A 级、B 级和 C 级。

小结：思考一下，你对自身的感觉是如何因这次重塑而发生转变的，将你的想法总结在第 25 页。

一种与众不同的团队治疗方式

这项任务旨在通过利用你的敏感，使你与自身身体需求保持联系，从而保持身体健康并免患与压力有关的疾病。

返回书中第二章的"冒险队"。在下面的空白处，列出大约十个你在那里找到的"队员"的名字。在每一行的下面，列出队员需要你每天、每周、每月或每年做什么：节食、锻炼、拉伸、检查等。充分关注主要问题以及需要额外注意的事情，使其安然度过人生的大旅程。如果你不知道这个部分需要什么，就从积极想象开始吧，随后再做必要的研究（例如请教专家、读书、或者上网）。

　　　例如（不一定是你内心所需要的）：强壮的心脏。每天：有规律的有氧运动，冥想，两餐之间不要间隔太久，不摄入咖啡因，以及充足的睡眠。每月：休息一段时间，血压检查。每年：胆固醇和血脂检查。按需表达情感。

1. 队员 : _____
_____
_____

2. 队员 : _____
_____
_____

3. 队员 : _____
_____
_____

4. 队员 : _____
_____
_____

5. 队员 : _____
_____
_____

6. 队员 : _____
_____
_____

7. 队员 : _____
_____
_____

8. 队员 : _____
_____
_____

9. 队员: _____

_____

_____

10. 队员: _____

_____

_____

　　制定一个日程表，让每个队员都能得到相应的专业治疗，这是非常重要的。将治疗安排记入日程表，可能你已经安排过很多治疗了。如果你已经见过专业人士，那么问问他们自己对这一队员的护理是否到位，或者是否还需要做其他事情。把这项任务的进展记录下来。

_____

_____

_____

_____

　　如果你觉得就算做了治疗安排，自己仍然会忽略某个特定的部分，那么可以想想为什么？回忆一下你在"探险队"中是怎么想象的。你还应该想想你的父母对他们自己这一特定部分的态度，他们是如何照顾自己的，以及他们是如何照顾你的这一部分的。关于这一部分，你也可以试着采用积极想象，想想看你对它的态度以及它对你的态度。请把自我探索的结果写在下面。

_____

_____

_____

_____

_____

任务等级：A 级、B 级和 C 级。

小结：考虑一下你对身体各个部位以及对身体整体的态度。鉴于生活中的其他一切都取决于健康的身体，你可曾考虑过要为此做出改变？

_____

_____

_____

_____

学习更为温和的治疗方式

我并不是替代疗法或整体医学的狂热者。然而，我发现这些医疗服务人员通常能解决主流医学无法解决的问题。此外，他们经常最先提出一些治疗方法，而这些治疗方法随后又会被当时持怀疑态度的主流医学所采用；他们通常更了解高度敏感者，可能因为他们中的大部分人本身就是高度敏感者；他们的疗法也更为温和。许多高度敏感者告诉我，当"普通医生治疗失败"的时候，他们的病症反而会被这些非传统疗法治愈。也许，最好的解决办法是去看看那些愿意同时使用这两种方法的医生，或者至少读一本书（详情请参阅参考文献，见第 385 页）。

这项任务并不困难——它只是要求你写下你存在的健康问题，并寻找替代疗法。（如果你已经独立完成了这个任务，那就跳过这个任务吧。）你可以上网浏览，或者在有图书专区的健康食品店浏览，抑或在大型书店的健康专区浏览。使用图书索引可以查到你想要改进的问题的有关信息。

对我而言，诀窍就是持适度的开放态度以及怀疑态度来阅读这些书籍。让人喜忧参半的是美国食品药品监督管理局（the Food and Drug Administration, 简称为 FDA）和美国医学会（the American Medical Association，简称为 AMA）没有监管替代疗法。好在有替代疗法正在探究可能更为便宜、更加自然或是新的还有待研究的疗法。例如，有些草药可以解决许多问题，但是医生不愿开这类处方（一部分是因为他们不习惯这类用药，另一部分是因为开这类"不符合护理标准"的处方，会更容易招致诉讼）。美国医学会和美国食品药品监督管理局较少监管替代疗法的弊端，要确定替代疗法是否真的有效，是否只是一个费时又耗财的骗局，以及是否安全，得靠你自己。例如，草药可能会跟处方药物一样有效，但草药制剂中有效成分的纯度和剂量并非像处方药物那样确定。你必须自己做功课，这也是我在这里向大家推荐的。

同样，你的任务是去任何有最新整体医学书籍的地方，浏览一种或多种治疗你健康问题的替代疗法（或者根据你的家族病史，对你最可能患的疾病采取预防措施）。把下列问题清单作为你研究时的书。

1. 治疗的目的是什么，它治疗的病症或者疾病是什么？

2. 它如何在体内发挥作用？

3. 相信它是安全有效的依据是什么？（这是至关重要的。你应该尝试阅读关于有效性和安全性的研究。研究对象不应该仅仅局限于说它奏效的病人，也应有一个在同时期接受治疗却没有得到改善的实验对照组。）

4. 已知的副作用以及潜在的长期影响是什么？

5. 是否需要注意可能与其他药物、酒精等发生相互作用？

6. 你停止治疗之后会发生什么，是否会复发？

7. 这种疗法是否在与你相似的人身上用过（跟你年龄相仿、性别一样、健康问题相近）？

8. 要达到预期效果，时间和金钱的成本分别是多少？

9. 是否存在有关制剂纯度以及诊疗者技能和培训的潜在问题？

把你从研究中得知的关于疗法的信息写在下面。

_____

_____

_____

_____

_____

_____

_____

_____

_____

任务等级：A 组、B 组以及 C 组。你可以汇报你从研究中学到了什么，也可以分享你研究中关于草药、整体医学以及替代疗法的经验。只要没有人强迫别人去尝试都可以分享。需要特别注意的是，不要把你提供的任何产品或服务硬推给别人。

了解高度敏感者的常用药物

如果我们自身没有问题，那我们为什么要了解高度敏感者的常用药物？首先，你们中的很多人已经在服用抗抑郁和焦虑的药物，考虑到你曾经有过紧张的生活状态，那你确实会在压力时刻或者随着年龄的增长，变得更容易焦虑或紧张，这不足为奇。其次，你可能会发现有人因为"你太敏感了"而建议你服用此类药物。如果你自我感觉不错，那么你就有绝佳的机会来纠正那个人。你可以说自己很享受敏感，说你更愿意用正确的生活方式来保护它而非试图医治它。但是在药物治疗的高潮期，了解你正在拒绝的东西是有帮助的。也有人认为抗抑郁和焦虑的药物应该属于像你这样的道德参谋的范畴。你周围的人，包括高度敏感者在内，都在讨论服用抗抑郁药物。他们可能会对你的意见感兴趣。如果你说了什么，那应该是一个有根据的观点。最后，如果你最终遇到了问题，并且可能在使用这些药物方面改变了主意或者觉得有压力，那么更了解这些药物并知道如何服用它们也会让你对自己的决定更有信心。

是否服用抗抑郁和焦虑的药物的决择权完全在你。不要让任何人在这件事上强迫你。但是不管你是服用这些药物，还是拒绝服用，抑或是在你需要的时候才服用此类药物，对你而言，作为高度敏感者，了解这些药物是合理的。

这项任务是另一个研究项目，你需要为其搜寻信息。这次你将了解下面列出的几种药物，并从中做出选择。也许你正在服用别人向你推荐的那种药物，或者你正在服用熟人在用的药物。也许你想从每个类别中选择一种药物。但了解了这几种药物后，你将知道在未来如何获取你所需的信息。

由于新药总是层出不穷，而且研究也会不断改变现有药物的信息，所以一定要使用最新的参考文献。最经典的参考书籍是《医生案头参考手册》〔译者注：《医生案头参考手册》(*Physician's Desk Reference*)，简称为 PDR，是一本商业性质的出版物，它定期把药厂的产品介绍和说明书汇编成册，为医生开药时参考〕。然而，许多关于特定问题的书也描述了治疗这类病症的药物。关于抑郁症的书籍，我喜欢迈克尔·诺顿的《超越百忧解》(*Beyond Prozac*)，因为这本书包含了有关抗抑郁药替代方案的讨论。此外，我还喜欢艾德蒙·伯恩的《焦虑症和恐惧症手册》(*The Anxiety and Phobia Workbook*)，文中也探讨了治疗焦虑症的药物。（详情请参阅参考文献，见第 385 页。）

I. 抗焦虑药（注意这些药可能会让人上瘾）

A. 苯二氮卓类

1. 阿普唑仑

2. 氯硝西泮

3. 劳拉西泮

4. 安定

5. 羟基安定

6. 盐酸氟胺安定

7. 利眠宁

8. 三唑仑

9. 氯卓酸钾

10. 舒宁

11. 普拉西泮

B. 丁螺环酮

C. 草药以及天然替代药 — 甘菊、缬草

II. 抗抑郁药

A. 环类或三环类抗抑郁剂（早于 SSRIs 类抗抑郁药物——即
5- 羟色胺再摄取抑制剂）：

1. 丙咪嗪

2. 去甲替林

3. 阿米替林

4. 三甲丙咪嗪

5. 曲唑酮

6. 多虑平

7. 地昔帕明

8. 普罗替林

9. 氯丙帕明

B. 单胺氧化酶抑制剂

1. 苯乙肼

2. 反苯环丙胺

3. 异卡波肼

C. 选择性的 5- 羟色胺再摄取抑制剂

1. 氟西汀

2. 舍曲林

3. 帕罗西汀

4. 氟伏沙明

D. 其他药物

1. 安非他酮

2. 文拉法辛

E. 草药以及天然替代品，例如贯叶金丝桃以及 5- 羟基色氨酸

III. β 受体阻滞剂

A. 普萘洛尔

B. 阿替洛尔

现在开始行动吧。首先，选择两种你想要了解的药物。如果你已被建议服用其他类型的药物来帮助缓解焦虑或抑郁，那么也可以同时研究这些药物。例如，雌激素替代激素（一定要探寻天然黄体酮和普力马林的替代品）。至于甲状腺的话，一定要了解 T3（三碘甲状原氨酸）和 T4（四碘甲状腺原氨酸）。然而，为了进行搜寻替代，还要从上面的列表中选择两种药物。

第 1 种药物：_____

第 2 种药物：_____

下面的问题只是对你需要了解的内容提出的建议。

1. 药物的作用是什么？它治疗何种疾病？

2. 最低的"临床"剂量是多少？（要发挥药效，需要的最低

剂量是多少？高度敏感患者可能需要服用的剂量更少。）

3. 药物在体内如何发挥作用？

4. 药物已知的副作用是什么？

5. 这些药物是否会与其他药物以及酒精之类的饮品发生相互作用？

6. 停止服药之后会出现什么状况？断药是否存在困难？

7. 这种药有没有在跟你情况类似的人身上做过研究（与你年龄相仿、性别一样、病症相似）？治疗的结果怎么样？

8. 是否会产生长期影响？如果会出现长期影响的话，那会出现何种长期影响？

9. 在何种情况下，你会服用这类药物？（这个问题可能是最为重要的。当然，在危机的情况下，你更愿意服药，但是之前的不情愿会给你带来额外的担忧。做研究以及做决定会比较艰难。）

把你对药物 1 的了解写在下面。

_____

_____

_____

_____

_____

_____

_____

_____

_____

把你对药物 2 的了解写在下面。

_____

_____

_____

_____

_____

_____

_____

_____

任务等级： A 级、B 级以及 C 级。你应该系统地选择不同的药物来学习和分享你的所学，并且把最有效的信息复印下来。不过，你应该考虑一下你想和别人讨论多少自己的病史。

与医护人员交流病情的新脚本

现在，你已经重塑了一次医疗经历，评估了自己需要什么来保持健康，了解了一些替代疗法，也知道了如何研究一般的抗抑郁药物——你已经为下一个任务做好了准备。作为高度敏感者，在面对不敏感的医生时，你该如何坚持自己？这个任务将对你有所帮助。当然了，你需要牢记自己是消费者这点。如果对方不认真倾听你说的话，那么你可以换个地方就医。

想一个已经发生、反复发生或最终可能发生的事件，在这一事件中，你的敏感没有得到医护人员的尊重。也许他们会告诉你：你反应过激了，这么低的剂量不会对你产生副作用，或者你没有理由担心手术。把你回复给医生或护士的话写下来。如果你能想象到对方的反驳，那就编写一整段对话。我希望我能和你们在一起以便指导你们，但是我更希望你们运用本书以及书上的例子，并结合所学知识以良好的反应做出回应。

我（患者）：我想要一名女性妇科医生／男性泌尿医生来帮我检查。

护士：每个人都喜欢布朗克医生。你会做得很好。

我：我认为我表述错了。我只是需要一名女性或者男性医生。

护士：（叹气）一些病人会有这种感觉，但是这种感觉是不理智的。我们的医生和护士都是十分专业的。

我：我并非是在质疑布朗克医生的能力。我只是知道如果是女性／男性医生的话，我会更加放松。这是由我自己的情绪状况所产生的身体反应。

护士：这就是我刚想说的。这种感觉只是你个人的主观情感，它并不理智。

我：但是我的身体反应是真实的，而且它就像血型一样是我身体的一部分。我是高度敏感者，这会使我对周遭不熟悉的状况产生过激反应。如果布朗克医生要给我做手术的话，我没有理由再去给身体增添额外的生理刺激，从而增加我的血液应激激素。

护士：产生额外的应激激素？

我：是的。正如你知道的，这是身体应对压力的反应，它不利于健康。但幸运的是，我知道怎样做才会让我压力最小，而且对于医生来说也最容易进行手术并取得成功，况且这一切对我的健康也有好处。我并不想成为"难搞"的患者。我在竭力配合表达我的需求，以使手术成功。

护士：抱歉，但是迎合这类请求不符合我们的规定。

我：我理解你的处境。但是，如果我要告诉你我对某种药物过敏，你还会给我用这种药吗？这实质上是同类问题——我会产生不良的身体反应，并且我尽力提醒你了。但既然你不能纠正这种情况，那我就去其他地方做手术了。我还要写一封信给你们的主管，详细说明我们的对话，并阐明我对处理结果以及诊所政策的不满。

感到动力十足？那就加油吧！把你构思的对话写在下面。

_____

_____

_____

_____

_____

_____

_____

_____

_____

_____

_____

_____

_____

_____

_____

_____

_____

任务等级： A 级、B 级和 C 级。你们也可以分角色扮演。

小结： 反思一下你对自己的角色设定是什么样的，这种设定可能会导致你被动地接受医护人员对你做出不适合的治疗；以及你需要什么样的新设定，以便与医护人员对话，让他们为了你的健康而采用你需要的方式来进行治疗。

_____

_____

_____

_____

_____

想象你的死亡

当我在学习后现代主义的时候，也在帮忙教授健康心理学。后现代主义正在教我"解构文本"，看看缺失了什么。当我读健康心理学的课本时，我意识到课本中缺失了死亡。书中的口吻似乎在暗示如果做好健康锻炼，那么死亡将是可选择的。

然而高度敏感者对这方面较为理性。我们倾向于思考很多关于死亡的事情，但也会有罪恶感。因为在我们的文化中，这是病态的、悲观的、令人焦虑和沮丧的。人性的善良让我们不能朝那个方向走。

在其他文化中，死亡是生命的一部分。当教导灵性修行时，他们常常以修行死亡为中心，因为这是最终的伟大开端。人们必须为"这一开端"做准备。人们至少应该知道自己想要什么以及自己想要如何做。但话又说回来，所有讲授死亡的传统观点都认为：我们准备的越多，能够控制的就越多，甚至可以选择死亡的时间、地点以及原因。

最重要的是，如果带着死亡意识生活的话，便可以打消我们琐碎的想法，使我们珍惜当下，帮我们走出浪费精力的不利处境。它可以帮助我们想到，生活不是在排练，而是在表演。

所以，利用下面的空白处来规划你自己的死亡：在你生命的最后几天或者最后几小时里，你想如何引导你的思想？谁或什么能帮你引导思想？你想要呈现给谁？（想想谁不会在你面前，因为他们先于你去世，以及想想可能在你面前的一些新朋友或者年轻的亲戚。）你想对他们说什么，给他们留下什么？你想在哪里？

你希望周遭环境（光、声音、音乐、气味）是什么？你想怎样处理疼痛？

_____

_____

_____

_____

_____

_____

_____

_____

_____

_____

_____

任务等级：这是适合单独思考的任务，但是 C 级的人可能会想要分享他们所写的内容。

小结：利用这个空白处写下你制定完规划后的感受。

_____

_____

_____

_____

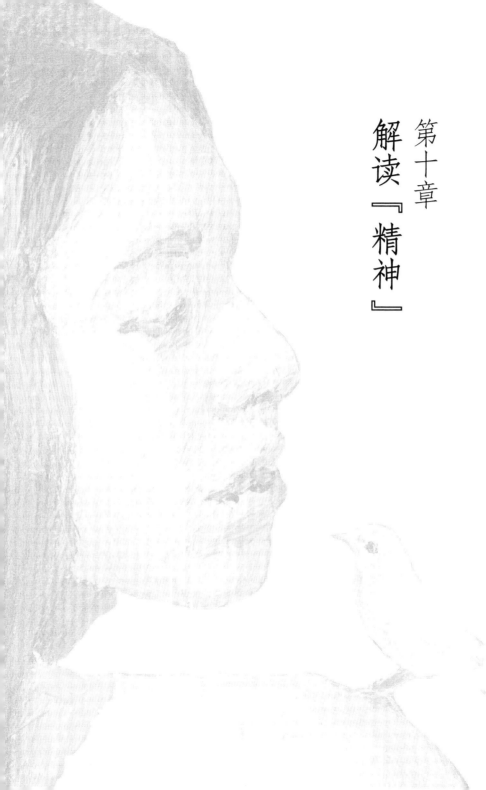

第十章

解读『精神』

你终于读到这一章了。我知道你们中有些人希望这本书能有第十二章——其中一章可以谈谈关于精神的问题。不过谈灵魂和精神需要基础，希望你们读到这里已经有了一定的精神基础。也就是说，这本书一直做的都是精神上的指导工作。

我从研究中得出结论：高度敏感者在与精神世界的联系方面很有天赋。当我为写《天生敏感》一书首次采访高度敏感者时，他们总是想要告诉我他们的精神生活。自此之后，他们对精神的强烈兴趣也在问卷上表现出来。在一大群高度敏感者中，我通常会感受到一种宁静。这种宁静对我而言不仅仅只是没有噪音，它更像是一种神圣空间。

最近的研究表明，精神性（即对精神感兴趣、喜欢祈祷或者冥想，以及思考生命的意义，等等）在某种程度上是遗传的。如果研究人员进行了敏感测试的话，我笃定他们会发现敏感与精神之间有共通之处，或者说它们具有相同的遗传特质，抑或敏感是精神世界产生的原因。

我是这么认为的：当人类首次尝试理解死亡时，那些思考问题更深入的人（也就是高度敏感者）对死亡的思考也更为细致。他们想要弄清死亡之后人的生命去向哪里，精神会去往何方。他们想要知道风、雨、星辰是否与人的精神相关，以及是否是死者的灵魂让人们做了与死者相关的梦。这些深入思考的人（即高度敏感者）更可能会想出用祈祷和仪式来帮助逝者归西，并创造出冥想、瑜伽之类方法来帮助活着的人为迎接死亡做好准备。当然后来宗教开始负责解决这些问题，但高度敏感者也的确先于宗教思考这些问题。

然而，由于大多数现代文化都采用科学的或者唯物主义的观点来看待这些事物，因此那些精神天赋欠佳的人往往会自视更好。他们更倾向于认为精神利益并不重要，甚至把这些视为软弱或迷信的标志。我们高度敏感者有时也同意这些观点。当然了，当这些没有精神天赋的人在即将死亡的时候，往往会改变自己的想法，并开始对精神世界感兴趣。这也是武士国王（通常是非高度敏感者）身边一直要有道德参谋（通常是高度敏感者）的原因之一。因此，如果你要是有精神或者哲学方面的天赋的话，请引以为豪吧！（如果你仔细思考之后得出自己是无神论者的结论，那么也非常具有高度敏感者的特征。）

当我思索高度敏感者的精神深度的时候，我有些茫然了。我很难说出它具体需要做些什么，因此我在这里也只是提及了一些皮毛。当然了，现在我们已经进入了精神领域，我也不再以科学研究为基础进行写作，因为很难对生活的精神层面进行研究，它们往往来自经验层面。我是从许多高度敏感者（包括我自己）的经历为基础来着手写作的。

我们将从梦境入手，因为在许多传统文化中，人们相信梦是连结精神世界与我们的纽带。而且就我自身的经历来看，很难反驳这一观点。

梦境速成课

在我看来，想用几页纸就教会你们如何解析自己的梦是非常愚蠢的。但梦境是高度敏感者精神世界的重要源泉。我推荐你们阅读一些关于梦境的书（详情请参阅参考文献，见第385页）。然而，这些书并不是专门为高度敏感者写的。为了让大家了解与高度敏感者相关的梦境内容，我首先需要在此介绍一些基本知识。

我打算省去"可能"或者"通常"之类的字眼，用简洁明了的话来表达。但是梦并不遵循任何规则，所以我在这里表达的内容并非是十分明确的。

首先毋庸置疑的是，梦并非毫无意义，也并非意味着晦涩难懂。梦境是人们和精神沟通的桥梁。

与精神沟通什么呢？比如那些你没有意识到的事情，你的真情实感以及真实境遇等，这些可以给你提供新的处事方法。梦境有时会向你展示你应对某个状况的真实行为，而你自己并未意识到这一反应；有时也会向你展现全新的应对方法。

梦通常是关乎当下的，但有时也会预见未来。如果做了预示未来的梦，它是在提醒你如果你表现得像过去一样，或者像梦中那样的话，将会发生什么。

如果一个梦的内涵是显而易见的，或者它似乎在告诉你一些你已经知道的事情的话，请再次回顾所有细节，思考一下梦中发生的哪些事情是你所不期望的，以及哪些反应不是你日常的反应。梦中所有的细节都至关重要，怪异的细节尤为重要。请注意联想。比如有狗项圈一直出现在我的梦里，后来我才意会到它的意思是，"打电话给她"。

精神世界与你沟通的语言通常是符号或者隐喻。特定的符号以及隐喻可能是精神世界与你沟通的特有方式。任何梦的象征意义都不是绝对正确的——也就是说，如果你梦到了鸟或者出租车，你需要思考鸟和出租车对你而言意味着什么。

梦中的场景以及你的年龄通常会暗示一些常见的话题：工作、学习，以及生活。梦发生在你长大的房子里的话，可能是关乎你的童年。如果你已成人并做了这样的梦的话，那么这个梦可能关乎你的童年以及现在。

梦中的情绪大致等同于现实生活中你需要就某个问题表达的情绪，或者是你需要意识到的情绪。噩梦和反复出现的梦很重要——因为它们试图引起你的注意，以使你摆脱困惑；它们向你表明，在这个问题上你压抑了太多的情感。

梦中出现的人或者动物

回到这本书上的第67页，重读积极想象中关于梦里的人以及动物的内容，梦中的人往往会是（但并非总是）某一方面的你，而出现在梦中的动物或者你的先祖是要给你启示。例如，你可能需要问问自己，为什么会梦到蜥蜴，或者为什么会在这个时候梦到祖母？顺便说一下，你可能需要先了解下蜥蜴或者你的祖母，才能得到关于这些问题的答案。

根据梦行事

用行动来表现你对梦的重视很重要，我力劝你们根据积极想象的结果采取行动也是同样的原因。不过即便梦能给你很多的提示，也不应该不经思考就采取行动。精神往往和大自然一样，随外界的变化而变化，既不残酷也不友善。所以有能动性的头脑必须思考需要采取什么行动，以及这些行为会给自己和身边的人带来什么后果。

在犹太教以及基督教的《圣经》中，约瑟讲述了古埃及法老梦到瘦牛吃掉肥牛的故事。这个故事是对自然最为简单真实的描述：饥荒、饥饿，以及生存。梦并不是要建议我们储存七年的粮食，然后再分发它们。地位比约瑟低的人可能会向法老建议当遇到饥荒的时候，让富人修筑高墙把穷人们挡在外面，这样"寒门"就不会吃掉"豪门"。以道德和情感为导向是约瑟对梦的反应，而不是梦本身。

记住梦

大多高度敏感者都能记住他们做的梦。如果你是个例外，可能的原因就是你没有睡够或者患有失眠症。竭尽全力来确保充足的睡眠吧。（然而安眠类药物也会对梦产生干扰。）尽量不要让闹钟叫醒你。你最容易记住的梦通常是快醒的时候做的那些梦。

当你醒来时，不要着急起床，躺在床上直到你回想起梦境的点滴。起初，你可能什么都不记得了，但是慢慢地，你会想起梦境的内容。你可以试着用分类的方式来唤起你的记忆。有没有梦是在户外或者工作中的？梦中出现了人还是动物？梦中的场景是不是在沙滩上？写下你所能回想起的梦境，并在白天和晚上睡觉之前想一想。这些都是在告诉你的精神，你想和它沟通。你并不需要回想太多的梦，一周几个梦就够你忙活的了。

如果你经常做梦，但又无缘无故地不再做梦，那么就返回你最近做的那个梦或者上个重大的梦中，然后详细解读它们。根据我的经验，你的精神好像是在说，如果你不利用你已有的东西的话，你就得不到其他的东西。如果你无法解析某个梦，那么就先把它分类吧。之后，不管下个梦与这个梦多么不相关，都尽力想一下它是否是你想要的"答案"。这样一来，你就可以与你的精神进行对话。

高度敏感者的梦境

你的梦可能经由了一种方式来象征你的敏感。举个例子，对我而言，我的敏感都与我的脚相关——我赤脚走在粗糙的地面上；我穿着何种鞋子或袜子（此处的袜子很有趣，它作为我鞋里面的脚和鞋外面的地面之间的缓冲），它们是新的还是旧的，软的还是硬的；我需要什么样的鞋袜或者别人给了我什么样的鞋袜；以及在梦中别人做的影响我脚的事情。我知道在梦中与我的敏感相关的动物是鱼、鸟和马。对我而言，马是会给我"启示"的动物。他们强壮并敏感，跑得快，但也愿意斗争。对你有启示的动物可能会因人而异。

至于自身的敏感和坚韧之间的斗争，我发现涉及残忍、暴力犯罪之类的梦通常与支配或者伤害自身敏感相关。因此，我会思索我的人生，看看是否存在使我的生活变得艰难的"支配力量"。这些支配力量可能源自内部力量（自身），也可能源自我已经容忍了许久的外部力量。

此外，高度敏感者通常还会做处在高处或者位于低处的梦。这可能暗指你情绪的高涨和低落，或者指你有时感到自己与众不同，但有时也会觉得自己有缺陷或者不如他人。你可能会梦到自己陷入泥坑中，掉入洞穴里，或者被掩埋；或者你可能梦到自己在山上——在景色美丽或者令人惊悚的山上，可能找不到进山或者下山的路；或者你可能会梦到牢固或者不牢固的高塔，可能是在往上爬、抬头看或者身处塔顶。然后也可能会梦到降落或者坠毁的飞机；也可能梦到正在下降、卡住或者拥挤的电梯。

很难知道梦到底是要补偿什么，还是要展示真实面目。如果你的梦境是关于不牢固的塔，那么它可能象征着你没来由地自我感觉很好；或者你觉得自己很差劲，担心稍有差池便会把你孤立在一个看上去危险又毫无保障的优越感的顶端。但是，这两个恐惧是如此的相似，它给出了一个情结的两个极端。（参见第159、233和268页上关于情结的内容。）

到这里，"速成课"结束，你可以开始解梦了。

解析梦

1. 把你的梦境写下来。选择一个看起来很重要的梦。梦中有些部分反复出现，或者你在梦中以及梦醒之后产生强烈情绪。把所有的细节都写进去。用现在时态写，比如"我正在跑步，然后……"

_____

_____

_____

_____

_____

_____

2. 从全局的角度思考这些梦。立刻想一下它是否会让你联想到生活中的特定事件？当你更为系统地解读梦境的时候，把它们写下来，并牢记在心。学会有条不紊固然很好，但是当你熟悉了这些步骤之后，你可以跳过某些步骤，并从大局出发解读梦境。

---

3. 梦中你的主要情绪是什么？在梦中你是否会出现不当的情感反应——反应过激、冷漠或者情绪反常？这种情绪在你的生活中是否出现过？

---

4. 梦里的场景是什么，这一场景暗示了什么主题或者问题？

---

5. 回到描述梦境的部分（步骤 1）并画出每一个形容细节的词——物体、颜色、形状、人物、动物、名字、地点，以及"跑"之类的动词和描述性短语，它们似乎是描述事件内容的唯一方式。

---

6. 用 25 个词来描述有名字的人或者动物，如果是未曾谋面的人或者不曾见过的动物的话，可以用较少的词来描述他们。同时，也需要考虑他们的主要特征以及他们与你之间的关系。

把你对这些词的联想写在下面，每个词的联想单独写一行（最多写 50 个字）。

以一个简短的梦为例：

在丛林中，我在逃离 T 先生。一只老虎却拦住了我，问我："为什么跑得这么匆忙？"

跑——意味着害怕。我不善于奔跑，应该多加练习。

T 先生——一位强壮的黑人，20 世纪 80 年代热播电视剧中的演员。因为恐飞，我年少时看了《天龙特攻队》（The A-Team）。

森林——黑暗。迷失在丛林之中。森林是树木茂密的地方。雨林正在被摧毁。

老虎——大型有条纹的猫科动物，属于印度。"老虎！老虎！黑夜的森林中燃烧着的煌煌的火光…"（译者注：诗歌内容节选自英国诗人威廉·布莱克的名作《老虎》（*The Tiger*）。）

停下——停与走。我之前在跑，但现在却停下来了。

问——普通的老虎不会问问题！

"为什么要跑这么快？"——我现在很着急。河里长着芦苇。

7. 思考重大事件，并立即把它们与你的生活相关联。然后想一下跳过的步骤，并把梦视为一种逻辑陈述：当我这样做的时候，某件事就发生了，随后又发生了什么。试着把梦按一系列有逻辑的步骤写下来。

当我被 T 先生追赶，（年少时是否逃离过庞大的、强壮的东西？）然后我被一头神奇的老虎拦下了（说明我不得不面对一些凶猛且不寻常的人类／动物的本能性能量），然后被问到"为什么跑得这么匆忙"（停止匆忙可能是件好事，但我是否应该相信老虎？我年少时的什么事情导致了现在这样匆忙地奔跑？）

_____

_____

_____

_____

_____

_____

_____

_____

_____

8. 如果你不大确定梦的含义，那就试着发挥积极想象（见第67页）吧，说出梦的主要人物以及主要物体。你想要知道梦中的主人公为什么要这样做，以及他这样做是想要告诉你什么。在下面的空白处写下你的积极想象。

　　我可能会想象我爬上了一棵树——这样会感到安全一些，然后向 T 先生喊道："你为什么要追我？"继而等待他的回答。或者你可以回答老虎的问题："为什么跑得这么匆忙？"

---

　　9. 如果感觉这是一个很重要的梦，那就根据梦做一些事情吧，比如举行一个仪式，打一个一直在逃避的电话，或者画出梦中的意象，抑或改变生活方式。写下你打算做的事情。

　　任务等级：只能是 C 级，并且只能两人一组。每组可以一起合作分析一个美妙的梦，了解每个人的象征符号以及生活。另外一个人可以看到做梦者单独解析梦时忽视的内容。但是解析每个梦都会给你呈现出比你预想的多得多的内容，

所以只需 C 组以及两人组进行这一尝试。

　　如果没有擅长这种工作的心理医生在场的话，那么多人一组共同解析梦并不是个好主意。因为在这个过程中大家会不知不觉地披露太多隐私。

　　小结：思考你现在对梦境解析的感受，以及梦境在你生活中的作用。把你的想法写在下面。

_____

_____

_____

_____

_____

"我爱你有多少种方式？"——你有多少种定义精神的方式

　　精神可以有很多不同的定义。虽然从精神的角度看我接下来的定义略显无知，但我还是在此将所有超出物质世界、肉眼可见的世界和既定世界的事物都称之为精神世界。我们必须记住物质世界就是我们到达非物质世界的途径。那么从这个角度来说，物质世界就是门。但我们还是把"精神"等同于物质之外的事物。

　　有些人认为自己并没有什么精神世界，因为他们不去教堂，不做祷告，不冥想，也不做那些"丰富精神世界"的事。但是当他们从更为宏观的角度来界定精神时，他们就会诧异于自己精神世界的丰富性。

　　试着在此列出所有你能感受到的或者与之有联系的既定世界

314

之外的事物。有些事物你可能会忽略，比如音乐、舞蹈、瑜伽、美术、节日庆典，以及学习物理或天文学、读小说、接近大自然、保有梦想、性交、进行特定话题的交流和恐惧时刻，等等。

_____

_____

_____

_____

_____

_____

_____

_____

_____

任务等级：A 级、B 级和 C 级。

小结：思考一下你对这项任务的反应，以及成为一个有精神世界的人是什么感受。

_____

_____

_____

_____

_____

成为仪式感的领导者

我们知道，人类是唯一会在找不到生活意义时自杀的动物。仪式感是为生命提供意义的一种方式。当我们在参加仪式的时候，我们会在自己的文化中找到归属感。我们会觉得在参加比自己更大、更古老的仪式，而当我们参加完仪式回到原本的生活中时，我们会有所改变。如果我们私下举行某种仪式的话，我们会与"未知力量"直接交流。这是一个很大的成就。

激进的仪式，可以由内而外地彻底改变一个人，但这种仪式在当代西方文化中已经很罕见了。我们仍有所谓的维系仪式的偏好，即通过惯常的节日或者仪式活动来庆祝我们的群体身份，包括大部分世俗而传统的婚礼、毕业典礼和节日庆典。我们中的一些人也会参与重要的宗教仪式。但是这些活动通常是自愿参加并且从某种程度上来说是机械地参与的，它们并不属于我们生活中的激进事件。大部分情况下，那些工业化和科学化程度较高、受西方文化影响较多的文化中，更倾向于淘汰这种仪式。部分原因是这些文化不再注重社区意识，比如你会搬到更容易找到工作的地方。社区团体是让仪式富有意义的基础。

当世界各地的人们都纷纷远离有仪式感的生活时，我相信由此产生的空虚会是一个问题。我虽然不知道是什么原因造成的，但是我清楚的一点是，这种空虚会增加高度敏感者在当代社会中充当道德参谋的难度。

解决问题的办法不可能是回到昔日。虽然我们很想回到过去，但却又无能为力。我们能做些什么尚不明确，但我们大家可以一起来做实验。毋庸置疑，高度敏感者和其他人都在尽力创造更多的仪式。妇女和男人们已经开始这样做了。关心家庭生活的人们也在讨论如何恢复仪式感，把它作为联系家庭成员的纽带。个体也在他们的个人生活中创造了一些仪式感，或者开始意识到生活中的仪式感。

首先，列出你过往参加过的仪式，并指出这些仪式对你产生了什么影响，比如是对你有消极影响、微小但积极的影响，还是产生了改变你生活的重大影响？为什么会产生这些影响？这些仪式是否可以反复操作以产生累积效应？为了让你先热个身，我在下面举了些例子。

1. 睡前研究一些关于精神的东西。不确定这个是否能带来积极的影响，因为这个会因为我们太累而变得越来越难实施。
2. 婚礼或者葬礼等。它们会产生不同的影响，大多数并不会留下持久的印象。

在下面列出你参加过的仪式。

_____

_____

_____

_____

_____

_____

_____

_____

_____

_____

_____

　　这项任务的下半部分更为棘手。创造仪式是困难的，因为根据仪式的定义，仪式本应是古老的，并不需要创造。我也并不认为创造仪式是每个高度敏感者天生具备的本领，就像我们有些人不擅长数学、讲故事或者创造音乐一样。但是这项任务会让你尝试这一角色。如果你感兴趣的话，你可以查看关于创造仪式的书籍（详情请参阅参考文献，见第 385 页）。但是在这项任务中，你只需要规划自己想要做什么即可。随后，你可以看到从传统角度来说什么是正确的，以及别人是怎么做的。

　　1. 第一步是最重要的，即界定仪式的目的。它事关内心，也是高度敏感者之所以成为道德参谋和优秀的仪式领袖的原因。界定仪式的目的意味着你需要领悟到社区现在急需什么。如果你不能预测到社区需要什么的话，那就想想个人或者你自身最需要什么。你可以把所有的仪式都看成一种疗愈——疗愈身体和灵魂，以及修复关系——修复我们与精神世界、自然、社会、祖先、父母之间的联系。

疗愈有助于我们想象最终的结果以及整体。"整体"是一个与疗愈和健康关系十分密切的字眼，因为任何物种要想成为疗愈的物种，个体都需要一个精神代表（即完整、健康的身体或社区）。只有这样，个人才能注意到群体中的变化并竭力修正它们。即使你参加的仪式只是庆祝而并非显而易见的治愈，庆祝也是一种整体的体验——它可以帮我们记住事情本该有的样子。

那么你参加仪式的目的是什么呢？是疗愈，是恢复完整的自己，还是以一种完整的方式庆祝什么？（有很多很多事情需要庆祝。可能是庆祝孩子的出生、从青年到成年、从单身到结婚、从中年到老年、更年期的开始、事业的开始或结束，或者一个新家。）

_____

_____

_____

_____

_____

2.你期望仪式在哪里举行？你如何使仪式的场所与众不同？

_____

_____

_____

_____

_____

3. 谁应该来参加这场仪式？应该怎样呼吁他们参加？他们该如何着装？他们应该带什么东西来参加仪式？

_____

_____

_____

_____

4. 当人们到达举办仪式的场所之后，通常会有某种形式的流程。你会怎么做？

_____

_____

_____

_____

5. 请求"未知力量"帮助你共同完成仪式。在许多其他传统中，可以召唤某些先祖来帮助你，或以更高的力量来干预你的仪式。一些元素或者某种精神也是可以被召唤的。此外，你还需要写出你请求时需要做些什么。

_____

_____

_____

_____

6. 音乐是仪式中最常见的部分。你会选择何种音乐？是否需要佐以舞蹈、击鼓或者合唱？如果你喜欢歌曲，你会做何选择？人们将如何参与？这一切都影响着仪式。

7. 除了音乐之外，你如何利用五官的刺激来影响仪式的参与者？你想让他们看到、听到、摸到、闻到或者尝些什么？

8. 到了某个时刻，仪式进入转化阶段。这种转化是仪式的核心。仪式的内容可能是一场旅行，可能与死亡有关，也可能与自己的祖先有关，结局是回归或者复活，即你可能在旅行中带回什么东西，可能是让一些人恢复意识或者有所改变。每位参与者都会在这场仪式中有自己的旅行，或从中有所收获。你可能希望讲

述这个故事，参与这个故事，让所有参与者有选择地或完全地参
与其中，或者只想展示这个故事中大家所熟知的部分。在这里写
下你会怎么做。

---

9. 在上述转化发生之后，人们需要认可和庆祝这些转化，这
可能就需要更多的音乐。写下你将如何做到这一点。

10. 写下你将如何结束仪式，感谢那些参加仪式并提供帮助的人，在他们离开的时候给他们送上祝福。需要界定清楚仪式空间以及非仪式空间：仪式的参与者应该带走什么、列队而出或者告知人们仪式已经结束（仪式空间已经恢复成了非仪式空间）。

---

11. 现在社会肯定也觉察到了仪式参与者的变化。（性格外向的人会想要即刻说话或庆祝。性格内向者可能首先希望独处。）在他们转化并获得认可的过程中，所有人都应该留在仪式空间和仪式领导者的附近（特别是在启蒙、疗愈或庆祝生活事件的情况下）。

任务等级：B 级和 C 级。你应该分享你所写下的内容（每人 5 分钟的分享时间），并不需要太多的评论或者任何批评。你可能也应该执行一个创造出的仪式。但要注意的是，有些人可能会觉得不舒服。

小结：反思一下自己做仪式领导者的话会有什么感受，比如你是否会享受这一角色？你之前是否扮演过这一角色？

_____

_____

_____

_____

_____

想象你死亡之后

我们中的大多数人虽然不能确定死后会发生什么，但是脑海中都会有一些想法，这些想法会影响我们的生活方式。如果你认为死亡是生命的终结，或者死后会与心爱的人团聚，或者你将带着因缘重获新生，那么你会在潜移默化中做出不同的选择。这项任务的目的是为了让你了解下自己的内心对死亡之后的情况的真实看法。

在做这个任务时，你要在安全的场所保持平静和精力集中，并有至少一个小时不被打断。你可以躺下或者坐着，闭上眼睛，然后进入积极想象的深思状态（参见第 72 页）。你可以想象一下死亡（你可能在做第 296 页的任务时就没完成）并想象一下接着会发生什么。将其视为积极想象，想象自己从中得到精神的启示，同时给出自己的反应。

正如积极想象或者做梦一样，最好不要认为你所设想的必然是真理而不经思考就接受它。虽然不是真理，但这是你的精神对你所关注的方面给出的回应。

你可以多进行几次这样的操作，但千万不要轻视它。给自己一些时间，让自己从感性思考回归到理性生活中。如果你觉得这段经历令人不安，你可能想要寻求一些专业的帮助。

在下面尽可能多地写出你与这项任务相关的经历。

_____

_____

_____

_____

_____

_____

_____

_____

_____

_____

_____

任务等级：只有 C 级。最好一起完成这项任务，之后一起分享经历。

回到你最不喜欢自己的地方

是时候来结束这个圆圈了，回到书中第一章——"最不喜欢自己的三个方面"。为什么这个任务在这一章，而不是在与它最相关的这里？对我来说，精神与整体非常相似，而整体又与疗愈非常相似。

我把精神定义为超越物质或比物质的边界更大的事物。当我们看到世界的其余部分时，如果超越了物质，那么我们就看到了整体。要超越物质看到整体，我们需要做完整的自己，不要太过拘泥于情结。

但是，谁是完整的自己呢？也许正是我们不完整的感觉，以及受伤后的疼痛和痛苦使得我们看到完整的自己。

疗愈的过程也使得我们看到整体性。从心理学上讲，疗愈意味着我们看到自己的其余部分——无意识的部分或者精神更深处。当我们了解情结之后，我们可以表现得更有吸引力、更道德、更具精神性。我们的行动更符合现状，而不是把我们的问题映射到别人的身上。当我们在工作中得到帮助时，我们甚至可能会认为一定是某个看不见的力量在帮助我们。

所以，现在我们回到第一章的任务上，看能否治愈自己内心某些痛苦的地方。

回到第33页，看一下不喜欢自己的地方。仔细检查你列出的三个方面并回答三次这个问题。当你在滔滔不绝地回答问题时，你可以区别对待每个方面。如果它们现在结合到了一起的话，就把它们当作一个整体来看待。

1. 看一下你的这些问题，并思考一下你当下的感觉。

I._____

_____

II._____

_____

III._____

_____

2. 通过阅读这本书，你对高度敏感、精神和自己未开发的个人力量都有了更深的理解，那么你对不喜欢自己的三个方面有什么新的看法吗？你不喜欢的行为减少了吗？还是你能更好地理解和接受它们了？抑或是什么都没有改变？如果没有任何改变，或者这些方面更糟了，那么继续进行下一步。如果你看到了好的转变，无论是行为转变或者你接受能力的转变，那么你就可以停下来了。是时候感谢自己并为自己庆祝了。

I._____

_____

II._____

_____

III._____

_____

3. 记下这个问题现在对你有多重要，或者用情结相关的语言来说，它现在占用了你多少的精力。你可以使用 0 到 10 的数值范围，或者任何你喜欢的词来表述。

I.＿＿＿＿＿＿＿＿＿＿＿＿＿＿＿＿＿＿＿＿＿＿＿＿＿
＿＿＿＿＿＿＿＿＿＿＿＿＿＿＿＿＿＿＿＿＿＿＿＿＿＿
II.＿＿＿＿＿＿＿＿＿＿＿＿＿＿＿＿＿＿＿＿＿＿＿＿＿
＿＿＿＿＿＿＿＿＿＿＿＿＿＿＿＿＿＿＿＿＿＿＿＿＿＿
III.＿＿＿＿＿＿＿＿＿＿＿＿＿＿＿＿＿＿＿＿＿＿＿＿
＿＿＿＿＿＿＿＿＿＿＿＿＿＿＿＿＿＿＿＿＿＿＿＿＿＿

4. 如果这个问题现在对你来说不那么重要了，写下其中的缘由。或者如果它比以往更重要，你现在能否看到它积极的一面？请记住，就情结而言，它们都有两个极端：一个是我们接受它们，并把它们视为积极的方面；另一个是我们拒绝它们，并把它们视为消极的方面。被拒绝的那半往往是伪装成劣势的优势，而我们会强烈拒绝这劣势。因此，如果问题没有发生改变而且仍旧重要的话，那么有没有什么方法可以将这些"缺陷"也看作优势或潜在优势？写下你对这个问题的态度的所有改变。如果有令人满意的变化，你可以停下来庆祝或者继续。如果没有产生令人满意的变化，那一定要继续下去。

I.＿＿＿＿＿＿＿＿＿＿＿＿＿＿＿＿＿＿＿＿＿＿＿＿＿
＿＿＿＿＿＿＿＿＿＿＿＿＿＿＿＿＿＿＿＿＿＿＿＿＿＿

*II.*_____

_____

*III.*_____

_____

5. 如果这个问题对你来说仍然很重要，但你看不到任何积极的方面，那么你能意识到这个问题在你生活中的价值吗？它能让你有所收获吗？还是它能帮助你成长？或者它会迫使你进入一个新的阶段？

*I.*_____

_____

*II.*_____

_____

*III.*_____

_____

6. 无论你怎样回答最后一个问题，现在是时候提醒自己，是哪些声音帮助你选择了不喜欢自己的这三个方面。你应该通过之前的任务对这个问题有了一些了解（见第10、35、39和43页）。这种声音是什么？你害怕失败吗？它是否残忍或者导致你失败？因为自己会控制不住这个声音，所以就不会再听它的了吗？因为你的愚蠢或自我毁灭的行为而担心你的健康和幸福？你可以把每个方面都看成是与它相关的独立的声音，或者认为这些判断或者

329

批评都是来自同一个声音——不管哪一个对你来说更真实。

_____

_____

_____

_____

_____

_____

_____

7. 写一些关于这个或这些声音的东西。我之所以说"一些东西"，是因为它可能不是，也不应该是你们之间的最终交流。你写的可能是一封信、一篇致谢或者正在进行的对话的一部分。

_____

_____

_____

_____

_____

_____

_____

8. 你有没有更理解这个声音？你是否使它更尊重你的立场？或者你是否应该（而且能够）更理解它的观点？如果你仍然看不出这些问题在你生活中的存在是积极的，并且依旧没有办法用这个声音解决问题，你是否能够后退一步，再去看看它在客观上是否合理？这是否意味着你必须利用这些问题带来的痛苦改变自己？你愿意在这些问题上得到专业的帮助吗？在下面写下：（a）是否有具体要改变的目标；（b）你准备改变，或者准备在他人的帮助下改变。

*I.*_____

_____

_____

*II.*_____

_____

_____

*III.*_____

_____

_____

任务等级：只有 C 级。这是一个需要讨论的重要任务。

小结：围绕这些问题，反思你的痛苦，或者思考痛苦是如何减轻的。如果你依旧感到很痛苦，那么你就要寻求帮助了。我希望我能帮上忙，但我想关于这个问题，我所知道的都已经写在书里了。

在这里，写下你在每个问题上所取得的进展以及你的感受。如果并没有进展的话，你打算用怎样的方式来疗愈。

I.
_____

_____

_____

II._____

_____

_____

III._____

_____

_____

结语

我怀疑，即使是最尽责的高度敏感者，通常也不能按照指示从头到尾地完成工作簿。你做了一些事情后就停下来，蹦蹦跳跳，到处乱跑。但是在某些时候，你可能想结束你的工作，或者暂停一段时间，我相信承认结束是很重要的。我们高度敏感者不喜欢结束，因为结局大多数是悲伤的。但一次没有收尾的经历是不完整的。我们在本章和这本书中都一直强调完整的重要性。

就我来说，当我写下这些内容的时候，我希望这些内容对你有用。

1.你为什么暂时或者永远合上此书？你对这个决定感到满意吗？

_____

_____

_____

_____

_____

2. 回顾整本书，并阅读你写的所有小结。花点时间来思考一下，你学到了什么，并将此与你的生活联系起来。如果你想写一个宏大的结论的话，可以写在下面。

_____

_____

_____

_____

_____

_____

3. 你想要对本书或者本书的作者——我，说些什么？

_____

_____

_____

_____

_____

4. 打开这本书之前闭上眼睛想象自己。你是否有一些改变了呢？请将你所有的改变写下来，最为重要的是，写出你将如何迎接以及庆祝这些改变。

_____

_____

_____

_____

_____

_____

现在，庆祝吧。机会仅此一次。

任务等级： A级、B级和C级。如果小组关系会就此结束，那么一起进行这项任务并分享你写的内容是很重要的。小组还可以使用书上第382页上提供的结束流程。

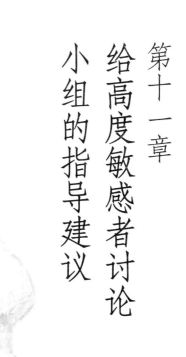

第十一章 给高度敏感者讨论小组的指导建议

你们很多人一直问我，自己所在的地区有没有高度敏感者互助组或者讨论组，我能不能帮你们在当地成立一个高度敏感者组织，或者我是不是快要到你们当地做讲座了。因为你们都很想要认识其他的高度敏感者。

这些指导建议就是你们想要的答案。

为什么要成立讨论小组

高度敏感者想互相认识，这很好。你有必要感受一下跟自己性格相似的人在一起是什么感觉。听听别人的故事，并且相信这世上不是只有你敏感，敏感是正常的性格特质。让我印象深刻的是，无论是在图书签售会、图书馆讲座，还是在我开设的课程中，每场聚会对在场的高度敏感者来说都意义非凡。

除了上面提到的三种方式，还有很多其他课程或者活动也致力于告诉你，敏感这一特质对你的过去、你的未来、你的自我概念都有着怎样的意义。通过这些课程和活动来加强自己对高度敏感的认识也很好。社会心理研究表明，跟一群与你有着相似的乐观态度的人来往，是强化自我概念的最好方式。

虽然许多高度敏感者可能不喜欢大多数的社会群体，甚至不喜欢在群体中工作，但我们经常在高度敏感者的社群中，或任何旨在帮助人们学习、成长、治愈、处理困难，或探索生命意义和心灵深处的群体中大放异彩。更进一步讲，我们在任何团体内都能感受到周围人的状态——谁心情不好，谁想要在小组内有控制权，谁能在鼓励下做得更好，等等。所以讨论组是欣赏并进一步磨炼你的宝贵特质的另一个地方。我们在这种鼓励大家讨论身边的人和事的讨论组中能更好利用自己的敏感。我们可以帮助改善讨论组中不可避免的缺陷，而不是保留意见不说。简而言之，不管是参加讨论组，还是帮助讨论组，我们都做得很好。

讨论小组成立失败的原因

我在帮助或者促进讨论组成立方面有很多经验，所以我知道即便是对我这种极度内向的高度敏感者来说，讨论组都是有益的。我了解很多有关讨论组的事情，也包含那些让高度敏感者失望，甚至受到伤害的事情。因此，我对每一个讨论组的潜力都满怀憧憬，也对每一个讨论组（哪怕其成立与我并无关系）进行力所能及的指导。

在我从事与高度敏感者有关的工作之初，我确实曾鼓励成立讨论组。有些是别人建立的，有些是我自己组织的。但很多讨论组在成立后没有协调者，因此维持的时间很短，而且让人很失望，有的甚至让组内成员更敏感。我自己无法同时协调多个讨论组，也无法确认那么多协调者的资质，所以我最后决定，我不再仅凭一腔热血帮助人们成立讨论组，除非我能为大家提供成立小组所需的有关领导力的指导。所以，我现在陷入了一个两难境地——我想让高度敏感者加入讨论组，但是又不太鼓励他们自己去组织。

不成功的讨论组通常有两个问题：

1. **讨论组成立之初或者成立后有新成员加入时，没有专业人士对成员把关。** 包括高度敏感者在内的一些人其实并不合适加入这种非治疗性质的讨论组。这些人可能是处于生活中压力极大的一段时期，可能需要学会更多的社交技巧，也可能需要一些有针对性的治疗。他们可能非常迫切地想要表达出自己的内心，想要被爱，想要掌控，想要专注，或者只是想得到帮助，所以他们自然而然地加入讨论组，因为这里的人能比旁人更理解他们。他们甚至有可能自己组织讨论组。不过讨论组成立之后他们就会大肆用它来解决自己的问题，从而让讨论组失去了本来意义。而其他成员又很难终止讨论组，毕竟谁都不想做坏人。

我知道你现在在想什么。你肯定在想："换做是我会怎么做？如果我非常需要加入一个讨论组，或者我在讨论组中非常'无所谓'呢？"这确实是个好问题。如果你感到非常抑郁、焦虑，或者此时此刻找不到倾诉的地方，那么最好不要加入这种非治疗性质的小组。相反，你应该去寻求专业帮助。当然，如果你觉得加入这样一个小组对你有好处，那就加入，否则，何苦自寻烦恼？只是你要注意，一旦加入这种小组，那就要平衡好你自己的需求和他人的需求，因为它就像一个大家庭。坦白讲，讨论组的问题通常出在那些不够了解自己或者对加入这种小组心存疑虑的人身上。一旦加入，他们就会看不到自己的行为对其他人的影响。

2. **讨论组成员会因为缺乏共同点而感到无聊，或者出现分歧。** 大部分互助组都集中于一个问题或者一种经历，比如疾病、对某些东西成瘾、家庭暴力或者童年时被虐待。大家都有共同的经历，或者大家的经历有很多的共通之处。高度敏感者的神经系统相似，都需要面对容易过度兴奋的问题。不过在神经系统之外，大家的性格、背景、个人优势以及存在的问题都各不相同。当大家开始把自己在"外部世界"遇到的问题带到小组内，问题就会五花八门，以至于提建议和共情在这里都不太成功。提出问题的人得到的帮助有限，而其他人也会因为问题与自己无关而感到无聊。

根据以上两个问题，我开始考虑解决方法。

解决方法——建立一个结构合理、有时间限制的无领导讨论小组

集体心理治疗以及各类有专业人士领导的心理治疗团体是可以解决上面提到的两个问题的，因为专业的心理医生能对加入的成员做筛选，也能将大家的精力集中在最有意义的主题上。其实，专业的治疗小组往往更专注于组内成员间当下发生的事情。这种"此时此刻的事"总是更有趣、更惊人，也有更多的教训可以吸取。发生在组内的事情因为有了大家的目睹，因而总是有足够多的讨论空间。与之相反的是，花半个小时讲述自己在公司或者家里的事情，大家总是很难确切了解到底发生了什么。

这种团体的一种变相形式是"过程导向小组"，专注于个人发展。这种形式一般只出现在一些公司的培训组，或者大学里的一些集体课程的实验室部分。如果引导正确，这种小组对高度敏感者是非常有益的，因为它们更加关注组内细微的事情以及团体成员自身的感受，并让成员从中获益。这些小组还会让你说出自己的失望之处，跟其他成员出现的冲突，以及你的愤怒，这是很多

小组都会礼貌性忽视的事情。一般出现这种情况，大家都会对发生的事情不置一词，然后一脸嫌弃地走开。而接受了过程导向的培训，你就能学着帮助自己的小组避免出现这种状况。

然而，大部分高度敏感者并不想，或者不需要接受集体心理治疗或者加入过程导向小组。大家只是想认识其他的高度敏感者。那么我要怎么给你们提供一些专业的帮助呢？幸运的是，在 20 世纪 60 年代我参与了过程导向小组实验，该实验就是为了看这种小组是否可以在没有领导者的情况下工作的。结果证明，只要结构合理，这是可以的。结构合理解决了第一个问题——筛选成员。因为这种小组能确保每个人都能有等量的时间来倾诉自己的问题，不过偶有一两名成员会无意识地把自己的需求置于其他成员的之上。这一形式因为进展迅速从而解决了第二个问题——如果大家对一个话题没兴趣，那就会迅速转入下一个话题。另外，结构合理还囊括了对"此时此刻的事"的关注，不过通常是那些最有趣的部分。

我在这里提供的小组实验的结构都是非常合理的。不过也有缺点——你可能更愿意说自己感兴趣的话题。但你感兴趣的点别人不一定感兴趣。所以，少花点时间讨论和决定小组应该做什么，而给每个人相同的时间说说自己感兴趣的事，让小组话题涵盖每个人感兴趣的点。至于成员筛选问题，只要大家恪守小组安排，不会有人有异议。如果有人不尊重小组安排，那就有客观、合理的理由要求他离开——这与性格无关，只是维持大家在一开始时一致同意的结构。

小组只能开展六期讨论，每期两个小时。这样每个人都很投入，也不必花费太多的时间，而且六期讨论后，如果觉得不好可以从容地离开——比如组内恰好有位"问题"成员。

如果一切顺利，那么结束六期讨论后，讨论组还是可以继续存在——如大家之间已经有了信赖，而且也喜欢他人的陪伴。讨论组还可以根据书中提供的活动建立自己的小组结构，或者建立更自由的形式，两者皆有也可。每章的任务后面都有小字，写明了这一任务适合小组完成还是两人一组完成，还有所需的信赖等级（A 级、B 级和 C 级）。

小组为无领导形式，但是每次讨论都要选出一个协调者和一个计时者。他们会为当次讨论提前过一遍小组的结构安排，确保自己理解了规则，并以温和的手段保证小组活动不出格。不过小组也有权决定何时请专业人员来担任协调者。

这是讨论组而非互助组，原因有三点。第一，由于你们中的许多人都喜欢听我的课程，而我的课程都是以话题为中心的，所以我想你也可能会喜欢以话题为中心的讨论组，而不是一个无人领导的小组。第二，每个人对互助组都有自己的理解，也就有可能把自己的理解带到小组内，从而引发冲突。第三，我自己对互助组的理解，是帮助大家解决所有人都有的大问题，而我从未觉得高度敏感是个问题。

如果你想脱离我提供的结构形式组织一个讨论组，这没问题。如果你事先了解其他成员，并且大家有共同的兴趣（比如你们所有的高度敏感者都是护士，并且抚养着性格敏感的孩子），而你们中的有些人还接受过领导小组的训练，那么自行组织的讨论组可能会更有效。你仍然可以利用这本书中的任务，因为每次的讨论或者提出的话题都由一个任务开始的话，可能会更有帮助。

指导建议

接下来你要读到的参考建议已经经过无领导小组的检验，并且也根据小组成员的反馈做了相应的调整，你可以在讨论组成员第一次见面时将这些建议读给大家听。不过小组和人一样，千组千面，所以指导建议里肯定有不适用于你们小组的内容。但我还是建议你遵守这里给出的小组结构，因为一旦开了自行安排结构的先例，你们就必须对"如何改变"达成一致，而大家会各执一词。有人喜欢这种变化，而有人会不喜欢。民主是要花时间的，并且会有相当多的争论和冲突。因此，在不能让所有人满意的情况下，像"指导建议"这种善意的专制规则会比民主更有效率。

第一条也是最重要的一条建议：如果你在计划加入讨论组时，在小组中，或者在这之后的任何时间感觉到异常的沮丧、抑郁或者焦虑，那么请一定一定要与一位资质和口碑良好的拥有敏感特质的心理医生聊聊。关于如何选择心理医生的建议在第 255 页。

成立讨论组

谁来成立。必须要有人来开始这个流程，而你在读这本书，所以可能是由你来开始。你也可以跟其他高度敏感者共同承担这个责任，或者吸引某个对此有兴趣的人接手这一任务。现在我开始说关于组织者的内容了。你不一定是组织者，但是必须要有人来组织，所以我假设你是来解释这部分内容的组织者。

邀请谁加入。我曾邀请一位自己最敬重的专业的小组协调者来加入。他对这种讨论组非常了解。谈到邀请成员时，他毫不犹豫地说："一位'问题'成员可能会毁了整个小组，所以你必须筛选出谁可能会是'问题'成员。如果在筛选时没有看出来，那后期发现后也要让这位成员离开——不过这肯定会对小组影响颇大。所以最重要的事情还是筛选成员。"

在小组成立时，刚开始你会想让所有想加入的人参加。我们也愿意认为所有的人都是很好的人，所有的高度敏感者也都是极好的人，事实也确实如此。但是正如我之前说过的，不管是不是高度敏感者，有些人确实还没准备好加入这样一个讨论组，而也恰恰是这些人对加入这种小组最为热切。

对小组组织者来说，一个解决方案就是低调成立小组。只邀请那些你特别了解的人加入你的小组，然后你邀请的这些人去邀请他们特别了解的人来加入。这样做的缺点就是你没办法认识更多的人，也可能没办法邀请到足够的人来成立你的讨论组。

你也可以广而告之地邀请别人加入——比如在当地报纸的高度敏感者专栏发布广告，欢迎大家加入。接下来就让严谨的小组结构限制成员对整个小组的影响，并明确表示不愿遵守小组结构的成员必须离开。

这样做的风险就是如果组内确实出现了"问题成员"，那么本可以六周之后继续存在的讨论组可能要选择结束，而不是在"问题成员"离开后继续运转。

在邀请成员加入时，要提前告诉他们，这个小组是精心组织起来的，而你希望大家在前六周都能遵守小组的规则。当然还要提前告知大家每期讨论要带的东西（这本书和两支铅笔），并在第一期讨论前读完本章。

邀请人数。我的建议是邀请 6 人，不过一开始可以邀请 7 人，因为就算你非常尽责，但还是要预防有人错过一期讨论或者中途退出的情况出现。按照小组预定的结构，每人 5 分钟的讨论时间，那么每增加一人，讨论活动所花的时间就会相应地变长。你不想让组员们感觉到累，所以每人 5 分钟的时间既不会让人感觉疲惫，也可以让每个人都有更多的时间来分享。

如果成员缩减到 3 ~ 4 个人也不必担心。即便只剩两人，你也可以用本书中两人一组交流的建议来做每期讨论。不过成员减少肯定会让你觉得不安，所以恪守承诺也是你邀请成员时需要考察的一个重要因素。

告诉所有人，坚持参加每期讨论会是最基本的加入条件——不要想着先参加一期试试看，或者在没剩几期的时候开始参加。稳定的成员关系是信任建立的基础。比每期讨论都参加更重要的是，所有人都要确保第一期一定参加。

所有想要成立高度敏感者讨论组的人都有这样的经历——高度敏感者认为自己想要参加这种小组，但当真正的讨论会开始时，他们又胆怯了。出现这种心理状况的原因很简单，所以我不打算深入解释。这很正常，不过会让组织者很恼火。唯一确保大家不会临阵退缩的方式就是收一定量的押金，但讨论组又是志愿活动，并不收费。那么组织者可以收取少量的押金，组内成员只有在完成六期讨论之后才可以拿回这些钱。不然，这些钱就归组织者所有。毕竟，组织者也是志愿投入了很多私人时间的。你可以跟大家解释原因："其他组织者的经验表明，我们高度敏感者确实想参加这种讨论组，但是又会在最后一分钟临阵脱逃，除非我们做出了金钱上的保证，不去的话就拿不回这些钱。"

讨论的时间和地点。按照计划是每期两个小时，中间休息 15 分钟。虽然你们可以安排得更紧凑，每周两期，在三周内结束，但我的预想是每周一期。如果你们是在周末开讨论会，那么每周末不要超过两期，不然高度敏感者会崩溃的。从时间上说，晚上确实是合理时间，但对每周正常上班的高度敏感者来说，在工作日晚上，他们更需要的是休息而不是让自己兴奋的事，所以周末上午可能更合适。

至于讨论会地点，可以轮流在成员的家中举行，或者某位成员可以提供一个合适的地点直至六期讨论结束。地点要私密，没有家人、室友，甚至是宠物的打扰。或者说，家里没有其他人（除非房子很大，讨论会所用的房间是单独的），也不必担心别人听到。

环境要舒适。讨论会地点最好交通便利，开车去的话也有停车位。讨论会开始前要问问大家有没有特别的习惯，比如高度敏感者不喜欢荧光灯，成员是否有过敏的东西，比如对猫过敏，或者对环境比较敏感，比如有香水味的话会不舒服。提供当周讨论地点的人（不一定是协调者或者组织者）需要为大家提供水或者茶，不过我认为最好不必提供食物。"提供讨论会地点"不应该成为负担。

个人的准备工作和保密性

假设你的小组成员已经足够，很快就要开始第一次讨论，那你的主要任务就是至少在第一期讨论开始前，读完后面这些参考信息和任务说明，这样你就能确认自己要对讨论组做的承诺。

在讨论会上要做的承诺之一就是对每个人说的话保密，这不管是对你还是对其他人都非常重要。如果你想跟组外其他人聊讨论组，可以说一些大致的评价或者与自己相关的经历，但是不要聊组内其他人分享的事情，即使对伴侣也不行。因为组内其他成员也同意保密，所以你知道他们也读了这些内容并做出了相同的承诺，这样你也会觉得更安全。

准时参加，如果不能参加请电话告知

小组成员按时到会很重要，讨论会按时开始并按时结束也很重要。一个人迟到 5 分钟那么耽误的时间就是 5 分钟乘以小组人数（除迟到者之外）——如果有六名成员，那么一个人迟到 5 分钟，就浪费了其他人一共 25 分钟的时间。所以准时是避免发生冲突或产生微妙怨恨的又一种方式。让大家准时的最有效的办法就是，不管到了几人都按时开始。我在每期讨论会开始时都会说说自己的日常，因为不管谁在场，说这些都会比较容易。如果有人因为某些意料之外的事无法准时到，或者无法参加这次讨论，那就打电话给当周负责讨论会的成员，让大家知悉。成员的无故缺席会让大家不安。

小组结构是大家的朋友——要坚持

小组的成功取决于对结构的坚持，这会让你避免很多问题。不过有时这会让人不愉快，而且要坚持下去也需要大家的决心。有领导小组则攻击领导，无领导小组则攻击小组结构，这是小组必经的一个过程。不过小组结构并不能自我防御，所以需要大家的努力。

坚持小组结构的一个秘诀就是协调者和计时者的协同合作，这样就有两个人让小组讨论不偏离任务。协调者和计时者就是当期讨论的正义使者。这两个职位可以轮流，在六期讨论里每个人应该都可以轮得到，这样就不必总是一个人说"时间到了"。

协调者、计时者、当期讨论会的主办者以及小组成员的责任

一旦小组成立，组织者可以做第一期讨论的协调者，不过除此之外，组织者不必承担其他后续责任。在接下来的任务分配中，组内成员会承担接下来的责任。

协调者要在自己即将主持的讨论会前读完任务说明，并准备好解决组内的"问题成员"。如果讨论前协调者有任何不明白的地方，可以打电话与计时者协商解决，这样就不必放到讨论会上由整个小组解决了。讨论会上由协调者领导任务进程，如果任务说明较为简短，可以读给大家听，或者直接给大家解释要点，并全程指导。讨论会结束前，协调者要帮助小组用抽签的方式选出下期讨论会的协调者和计时者，如果选出的人已经担任过该角色，那就再选一次。（如果有人两个角色都已担任过，那就不要把这个人的名字放到抽签盒中了。）

计时者和协调者一起确保讨论会按时开始，为整场讨论会计时，为每个人的任务时间计时，宣布休息时间和讨论会的结束时间。大家在讨论时都希望能收到时间提醒（如不超过 5 分钟的发言的时间还剩 30 秒时）。单独给某个人计时，计时者可以事先

问对方是否需要提前 30 秒提醒。如果这六期讨论会都能用静音模式的定时器最好。

如果讨论组在某位成员的家中开讨论会，那么主人要确保无人打扰。也就是说，关闭手机，不应门铃，阻隔所有非讨论组成员的人。告诉大家水在哪里，卫生间在哪里。至于其他东西，则是主人酌情提供，而且最好简便——可以是茶或者果汁。

其他成员也有自己的责任——按时到达，帮助协调者和计时者遵守小组结构（要记得，在某些小事上争论对小组和谐来说其实并不值得），并在讨论会期间照顾他人的情感需求。每位成员都可以观察他人不安的情绪，或跟看起来有些忧虑的人确认情绪。不过，每位成员也必须对自己负责。你们都不会读心术，也不是专业的心理医生，没有人想要或者应该为他人的内心情感负责。你处理情绪的技巧会随着讨论组流程的推进而提高，你在讨论组中也会观察组内发生的事情，比如别人应该意识到了什么，但没有说出来。我们举个例子："我想知道我们是否都没有感受到压力，并且需要静静地待几分钟。"如果小组讨论会上没有用到你的观察，也不要觉得不好，并就此把这种观察丢开。因为讨论中没用到并不代表你做错了，只是你们的讨论还没到这一步。

允许不发言

每期讨论会都有安排好的讨论结构，所以每个人都有机会发言。不过如果你并不想说什么，那就不说。告诉大家"我放弃这次发言机会"。对高度敏感者来说，学会放松是一件再好不过的事情。整个小组都应该为要求放弃发言机会的成员鼓掌。当过度兴奋让高度敏感者觉得很难开口说些什么的时候，大家要给予鼓励和支持。

另一方面，如果你没打算参与讨论的话，那就不要参加讨论组，因为这会给你和整个小组带来很大的压力。讨论组通常对沉默的成员很担心——担心他是受伤了、生气了、站在旁观者角度评判我们，还是打算离开？最后整个小组不得不把注意力放到他身上，这绝不是他想要的结果。

如果有成员放弃发言机会，那么可以稍后再回到这位成员这里，看这位成员是否能试着说点什么，或者说说自己刚才为什么觉得很难开口。不要总是纠缠于这个问题——不过这位成员有必要让大家安心。

每个人都有同等的时间，要严格遵守小组的结构安排

每个小组都会陷入的一个最大的问题就是，在一名成员身上花太多的时间。甚至比这更坏的结果是，讨论组成了这一问题的替罪羊。不过即便是在最好的情况下，这个问题也很难解决。高度敏感者在大家的关注下很容易过度兴奋，而这会让他无法掌控自己在说什么。而其他不兴奋的成员可能并没有意识到这一点。讨论会之后这名成员可能只记得大家的关注，并把这看作一次不甚愉快的崩溃经历。

讨论组如果不花足够的时间在成员身上，在心理治疗方面确实提供不了帮助，也确实无法让成员有深层次的变化。不过讨论组的目的并不是让成员有深层次的改变，至少在这短短六期的讨论会中没有这样的目的。因为这不是心理治疗小组，甚至不是互助组。你们只是在一起讨论，互相学习，互相帮助，千万并且绝对不要想着去改变一个人内心深处的精神问题。

当讨论组把精力都集中到一个人身上，有意识地想要给一个人提供帮助时，就会发生很多意料之外的事情。比如说，被大家关注的这位成员可能会向小组提出无法解决的问题，从而使小组感到沮丧；或者这位成员只是渴望得到大家的关注，需要成为大家关注的焦点；或者组内可能有其他人想与那位受关注的成员（或其他成员）竞争大家的注意力，想要得到更多的尊重，想对小组有更大的影响，等等。这可能会形成一种无意识的竞争，看谁更聪明，谁能提供更多的帮助。最后，讨论组可能会为了避免出现更多的问题，而集中关注个别需要关注的人。小组内如果有有经验的心理医生或者专业的协调者，那他们会看出并解决这些问题，从而让小组关注每一位成员。不过你的小组并没有这样的专业人士。

当一个人"做大事"时，会充满激情地想要放弃需要遵循的结构，这是人的本性。因为当说出"时间到了，下一个人"的时候，显得自己很不近人情。但是，如果小组坚持"守时"的原则，每个人都会理解，甚至连那个感受颇多的成员也会接受，因为他可能真的不希望在这件事上得到更多的关注或在时间上占便宜。而如果讨论时不遵守时间规则，那么没有得到额外时间的人就会受到伤害。看出问题所在了吗？所有成员在时间规则上都要尤其认真，当期讨论会的协调者和计时者更要彼此帮助，告诉正在发言的人："我觉得我们真的很想继续听你说，而且真的很高兴你能跟我们分享这些事情。不过伊莱恩在看着呢，你知道她说过要遵守时间规则的。"

诚实

你对自己的小组越诚实，大家能收获的就越多。尤其是你对他人的言论或对小组安排表现出的反应，越诚实越好。不过诚实也有两面性。你既可以深思熟虑后用温和的方式来分享一些事情，也可以轻率而冷漠地说出来。不过对于高度敏感者，我无需强调太多，我们总是比较温和的。我需要提醒高度敏感者的是，在对方让你觉得安心之前，不要说太多私人的事情。有时我们想通过类似的事情取悦别人，或者太想要亲密的关系，所以拿这类事情去交换。慢慢来，不要着急。

消除误会

大家在加入讨论组时都是抱着很大希望的，不过跟很多其他关系一样，讨论组的实际情况也没有想象中的那么美好。会有你不喜欢的事情发生，会有你不喜欢的人出现。当不好的感觉压过好的感觉时，你会想放弃。讨论组如果想不解散，要做到两点：确保成员对讨论组有足够多的好感，让大家公开说出或者讨论那些不好的体验，这样就可以解决问题或者把不好的影响降低。有时，讨论可以把不好的体验变成好的感觉。

跟大家聊负面话题带来的问题是，你可能担心这会伤害到别人，或者会反过来被别人批评（谁最先开始发表负面评论的？），或者大家跟你的想法相左。所以聊负面话题是需要勇气的。不过你带头聊的越多，其他人这么做的可能性就越大。

如果任何表达失望或怨恨的人，不论其提出的想法是否有价值，都能得到大家的尊重和赞赏，这对高度敏感者来说，也是很有帮助的。另外，如果讨论组能让大家明白，讨论中的冲突和性格上的矛盾都是不可避免的，也很有帮助，因为这种冲突往往是提升自己的最好的老师，知道如何处理这种冲突才是最重要的。当你是那个一想到自己身上的问题（情结）就心怀怨怼的人时，这种冲突对你也会有帮助，因为你目前对这种冲突的处理方式会影响你以后的家庭生活和跟其他集体相处的经验。这些事情总是息息相关的。维系六周的讨论组并不会深入讨论这些问题，但是你可以私下讨论。（这条建议的一个例外情况是，当组内有一个问题成员，而其他几人与其有冲突时，迅速"把问题归为自己的责任"是不错的处理方式。即便那时，你在一定程度上还是用自己特有的方式去对待该成员，不过还是会有你或者其他成员无法解决的问题，而跟你有相同问题的成员则会需要你的支持。）

在第四期和第六期讨论会开始前，要留出时间来让大家"消除误会"。

坚持记录

我知道之前有一个无领导讨论组，他们的成员可以给小组写东西——偶发的情绪、新闻、一些抱怨等。大家在等讨论开始或者中场休息时可以传阅。不过这是非强制的，你可能会想把这个习惯引入自己的讨论组。任何一种交流方式好像都能让讨论组变得更好。

组外聚会

随着大家逐渐熟悉，有些成员可能会在讨论组之外也见面。

你当时加入讨论组的部分原因就是为了认识其他高度敏感者，所以这么做正好满足自己的需求。不过要考虑他人的感受。要记得，即便你什么都不说，高度敏感者也会察觉到某些细节。你们的见面会形成新的联盟，你们之间既会分享一些不会在讨论组上说到的信息，也会忽略某些感受。

仪式感

观察并享受那些偶然间形成的仪式。可能你们都喜欢某一种茶，并且在每次讨论前都要煮一壶。如果你擅长此道的话，也可以有意识地培养一些仪式感。比如，讨论开始前在不干扰其他人的情况下点一些熏香，可以净化空气；或者在讨论开始和结束前来点开场（第 316 页上有更多关于仪式感的内容）。不过如果这种仪式感会让他人感到不适，哪怕只是轻微不适，也最好什么都不做。六期讨论会的和谐比任何仪式感都重要。

小组决策

六期讨论会期间总会有需要大家共同做决定的时候，比如大家在哪里碰面。在做任何民主决定前，最好先确定这一决定是需要所有人一致同意还是多数人同意即可。如果有成员对于要决策的事项反应强烈，那么最好是取得一致同意，因为强迫反对者接受这一决定反而会让他不安。任何时候，人都比程序、花里胡哨的民主或者所谓的好主意更重要。

假如我们有成员想给大家拍集体照，但是我可能强烈预感大家并不想拍照（也许是个人隐私），那我就可以投反对票，不只是为了不出现在照片中（拍照还可能会让有些成员不太自在）。因为我的存在，小组有必要就拍照这件事得到大家的一致同意。而如果大家讨论的问题是这周在约翰家碰面，下周去安家碰面，还是这周在安家，下周去约翰家——大家都拿不定主意，但是也不会太在意，那就简单以多数票通过即可。

所有投票都要遵循这一流程：先讲清楚赞同票和反对票的意义，然后每人拿一张便签纸，用同样的笔写下自己的意见，再把纸折起来放到纸盒中，并保证大家都能看到纸盒。所有票都折一次，这样大家的票都一样。由协调者核对票数。如果此次投票需要全票通过，那么只要看到一张反对票，这次投票就结束了。这样的话，大家就不会知道到底有几张反对票（如果所有票都核对完，而只有一张反对票，那大家很容易就知道这票是谁投的）。

讨论组的各个阶段

所有小组在六期讨论会期间都会面临一些特定的问题，并以特定的发展阶段呈现。如果有必要，这些阶段也可以重复出现。你一旦了解了这些问题，就会有意识地去注意，并且如果有哪个问题会影响小组情况，你也可以指出来。尽管小组结构紧凑，这些阶段不会特别明显，但我还是要在这里说一下，因为它们在一定程度上会出现，并且如果你的小组在六周后会继续存续，或者组内想要尝试一些结构安排之外的事情，那这些阶段会更加明显。

第一阶段是组内成员互相了解，并且设立规则。允许迟到吗？（我希望大家都能守时。）可以打断别人的话吗？如果生气可以表达出来吗？还是要为了和谐相处而隐瞒自己的情绪？

第二阶段是一个比较微妙的过程——确认是否每个人都会得到支持。大家会听取不爱说话的人的意见，确定他们也能完全投入讨论并在讨论中感受幸福。这一阶段中一些竞争型的讨论组的组内会出现一些竞争，所以不喜欢竞争的人也会表露出一些自己都不知道的潜质。他们希望整个小组的成员亲密无冲突。这整个过程会成就讨论组的"人格"，而讨论组也确实会形成自己的"人格"，并引发一些典型问题。比如，竞争型讨论组的人会不太适应亲密，而喜欢亲密的人则对发生的冲突羞于开口。

所有这些阶段都是为了确认这个小组对"我"来说有多安全，在大多数团队中（至少在跟你们结构相同的小组中）很快就会出现领导者的问题，以及每个组员与领导者间的问题。最典型的问题是，有些人会想看看领导者的能力、内在品质，并考验其在小组中的作用。有些人会表达出自己对领导者能力的不满，有些人会把领导者理想化。在这种小组内，当领导者缺席时，你会看到大部分人对这种小组结构的反应。

接下来的一个阶段是"组对"，也就是组内总有那么两个人会慢慢亲近起来，其他人都是这一美好变化的见证者。尽管有些人可能会感到被排斥在外，但整个团队经常因为这些鼓舞人心且美好的亲密关系而欢欣雀跃。但请注意，这些只是小组内的插曲，大家的主要任务还是成为有凝聚力、乐于助人的组织。

所有这些阶段和问题都只是为任务做准备，虽然有时可能会分散注意力，这对你来说是通过完成任务来全面了解你自己的过程。再说一次，你的小组中可能不会有这么多阶段，因为每个小组都会有自己的结构，并且会尽量简短。不过如果你们的小组持续存在，你会有更多机会见到这些阶段。

最后一点好处，也许在你观察小组中的自己时能用得到：大部分人对小组的希望、恐惧、失望会反映出他们与母亲关系中的一些问题；而他们对领导者的想法，则常常反映他们与父亲关系中的一些问题。

下面就开始吧。我现在边打字边想象你们的开始，我希望你们在开始时都像我现在一样兴奋。

讨论会需要的东西

每位成员：一个笔记本，两支削尖的铅笔

组织者（或者看其他人能否带来以下东西）：

1. 一块小黑板，一个大的平板电脑或者"白板"，以及相应的书写工具。这些会在第二、三、四、五期讨论会上用到，不过第一期用不到，所以组织者可以问一下是否有人能提供，或者大家是否愿意一起拿钱去买。

2. 相同的小便签，每人一张。

3. 一些削尖的 2B 铅笔。

4. 一个纸袋。

5. 透明带和记号笔，用小便签来做名字标签——这个只有在第一期会用到。或者也可以自己带姓名签。

6. 给第一位计时者计时用的东西——最好是一个声音柔和的计时器。

第一期讨论会——互相认识

本期的目的是让大家互相认识，并且知道其他人是如何看待你的。这是非常难得的机会。在互相给出反馈的过程中，你们也能更好地了解彼此。

上半场（55分钟）

开场（10分钟）

1. 按时开始。

2. 用便利贴给自己做姓名标签，粘在自己身上。姓名可以用记号笔来写，记得把名字写大些。

3. 如果所有人都到场，可以说一下"内政"——也就是洗手间在哪里，水杯在哪里，等等。如果人未到齐，那就先进行第四步。

4. 抽名字决定本期讨论会的计时者（组织者可以是本期的协调者，或者也可以抽签决定）。

自我介绍（15分钟）

如果小组有六名成员，每人2分钟的自我介绍时间，一共是12分钟，加上开场时还有制作姓名标签的时间。想要增加或减少这块时间要看小组人数，不管人数多少，都控制在15分钟左右。

目的：互相了解。

方法：每个人在自我介绍时要先说出自己的名字，以及首先想让大家了解自己的地方。（第二期讨论会时会让大家深入介绍自己的工作，所以这里不必花太多时间。）比较理想的开场话题可以是自己作为一名高度敏感者的感受，以及加入讨论组的感受。如果组内有你熟悉的人，一定要让大家知道你们的关系。

阅读参考建议（25分钟）

目的： 重温记忆，在小组内实地感受，确保所有人都读过。

方法： 协调者可以让大家围坐一圈，从第346页的"个人的准备工作和保密性"，到第355页的"讨论组的各个阶段"，每人大声读一段。阅读期间最好不要讨论或评论这些内容，因为这会花不少时间。大家只需要以合适的语速大声且清晰地读出来，让每个人可以听懂并理解即可。这种大声朗读可能会让大家有种一知半解的感觉，但是可以将其视为一种对小组做承诺的仪式感，并且能让彼此互相了解的时间过得非常轻松。听完大家的大声朗读后，你会有出乎意料的收获。

更多"内政"（5分钟）

在这5分钟里大家可以讨论下次讨论会的地点和其他实际问题。想要交换电话号码的成员也可以趁这段时间交换。

中场休息（*15分钟*）

休息期间可能有人想聊天，有人想单独待会，这些都可以。不过不要悄悄离开，这样大家会非常担心。

下半场（*50分钟*）

第一印象（*大约42分钟*）

小组有六个人的话，每个人大约有12分钟的时间写下自己对其他五个人的印象，然后每人用5分钟的时间接收其他五个人给自己的反馈，一共是30分钟。所以这一阶段的时间大约是42分钟。如果组员少于六人，那每人可以给 10 分钟左右的时间来写对其他组员的印象，然后拿出更多时间让大家接收反馈。组员超过六人的话，用时可能会超过 42 分钟，那么可以减少每个人在"自我介绍"阶段的时间。

目的：看看别人是如何看待你的。第一次见面的人对你的印象可能会让你大吃一惊，而且就算是你认识的人，在这种场合下给你的反馈也可能是你从未听过的。这次反馈会给你留下深刻的印象。不过如果你觉得自己不能接受这个活动，那就"放弃"接收反馈。

步骤：

1. 用大约 12 分钟的时间写下你对其他成员的三个"第一印象"，每个人的印象都单独用一张纸来写。（因为每个人写的顺序都不同，分开来写的好处就在于，轮到谁接收反馈，就可以随时把这张纸抽出来。）如果你注意到这个人在敏感时候的状态，一定要写出来。

不要因为我要求你对他人做预先判断而担心——每个人或多或少都会这么做，而且知道别人对自己的第一印象对每个人都有好处。不过如果别人做了让你感觉不舒服的事情，你不必给出那么"好"的反馈。你只要确保自己给他人的反馈委婉而温和，并且这反馈是对方给你的感受，而不是对他性格的评价——因为你并不了解对方。写的时候可以是"我觉得你可能不喜欢我"，而不是"你看上去是那种会评判对方的人"。

2. 协调者让每个人（包括他自己）轮流接收来自他人的反馈。接收者只需要安静地倾听，并在最后表示感谢。至于反馈内容，稍后考虑即可。

要记得你听到的反馈不是"真实"的你，只是你给不了解你的人留下的真实印象。你听到的可能会是他人的投射——他人特别关注的性格，或者别人的性格对他们自己的影响。（从专业角度讲，我们把自己拒绝表现出的样子投射到他人身上。我自己生气了但是不想承认或者没有意识到的时候，可能就会说"你生气了"。或者我精心打扮但是不想承认的时候，就会说"你今晚的打扮应该花了不少心思"。也可能我不喜欢注重打扮的人，所以特别注意那些精心打扮的人。这是我的一个情结，这一点我们在第158、239和268页都说过。）不过所有的投射都需要一些"吸引人的东西"或者外在形象来让这种投射显得更真实，即便它并不真实。所以来自别人的第一印象至少是对你能联想到的一些投射的反馈。

你还能从自己给别人的反馈中有所收获——你注意到了哪些别人没有注意到的特质，或者是过于注重那些其实根本不存在的特质？换句话说，你投射的是什么？

如果组内有你认识的人，那你给对方的反馈也要是他在讨论会上的表现，就当自己是第一次见到对方。一定不要说那些对方并不想让不熟悉的人了解的内容——比如千万不要说，"我觉得你今晚有点伤心，但我知道你伤心是因为离婚"。

日志记录时间（5分钟）

记录日志的时间要安静。在下面写下你给出和接收反馈时的反应，或者你对讨论组的希望和担心，以及你当下的感受。第二期开始前你们会有时间分享自己对小组的期待。

_____

_____

_____

_____

_____

_____

_____

_____

_____

_____

_____

_____

结束（3分钟）

感谢这期协调者、计时者以及提供场地的招待者，抽出下期讨论会的协调者和计时者的名字。互道再见，按时结束（就算会减少日志记录时间也要按时结束）。

第二期讨论会——职业难题

这一期的目的是探讨适合自己的职业（你认为自己有哪方面的天赋）和工作（你靠什么养活自己，你如何跟同事相处）问题。

在我们国家，对高度敏感者来说，职业和和工作都是难题。这期讨论会的目的之一是让你们明白，自己领域出现的很多问题在高度敏感者人群中其实很普遍，而且或多或少也是社会问题，所以这不是你独有的问题，也不是只有你才犯的错误。

上半场（*50 分钟*）

按时开始。像下次讨论会开展的地点这样的"内政"问题，常常要等人都到齐了才会说。

日志分享（10 分钟）

目的：给大家时间分享自己的感受（同时也给迟到的成员争取一点时间）。

方法：之后的每期都会以日志分享开始。时间允许的话，大家可以讨论或者选读上期写的日志。选读内容最好不超过一页。或者大家也可以单纯说说到目前为止对讨论组的总体感受或想法。

分享自己的故事（30 分钟）

时间平均分配，即六名成员每人 5 分钟。

目的：让大家听听其他高度敏感者是如何找到并从事自己的工作，从而养活自己的。

方法：集中精力听别人的讲述，同时试着回答下面的问题：

1. 他们认为什么是适合自己的职业或自己的使命是什么——他们认为自己有哪方面的天赋。

2. 他们是如何从事适合自己的工作的（或者为什么没有从事适合自己的工作）。

3. 他们如何养活自己——他们的工作能养活自己吗？还是需

要再做其他工作来增加收入呢?

4. 他们在办公室如何与同事相处。

5. 高度敏感特质对上述问题会有何影响。

6. 总结一下他们在职业生涯中遇到的问题和取得的成就。

如果其中一个问题就是你的全部故事,那就用你的 5 分钟来讲述这一个问题。这完全可以。

"内政"问题(10 分钟)

用这 10 分钟的时间来讨论一些如下次讨论会的地点这样的实际问题。

中场休息(*15 分钟*)

下半场(*55 分钟*)

与其他高度敏感者讨论职业问题(30 分钟)

用 6 分钟来决定所要讨论的话题,实际用时可能不到 6 分钟;然后定三个话题,每个话题讨论 8 分钟。

目的:针对大部分高度敏感者来说最困难的方面分享自己的经历。

步骤:

1. 协调者先让大家根据上半场听到的故事,集中选出三个看上去对大家都重要并且值得讨论的话题。如果大家选出的话题超过三个,可以投票决定。

2. 每位成员有两票,可以投给自己认为最重要的两个话题。当然,也可以把两票投给同一个话题,这样就会增加这一话题的票数。得票最多的三个话题就是大家最需要讨论也最感兴趣的话题，接下来就是对这三个话题分别进行讨论。（决定话题并投票的时间不要超过 6 分钟。）

3. 讨论。计时者将剩余的大约 24 分钟三等分，每个话题计时 8 分钟，也可以给得票最多的话题稍微多一点时间，因为那是大家最感兴趣的话题。

向同事解释自己的敏感（15 分钟——选三名成员来说，每人 5 分钟）

目的： 大家互相帮助，找一种积极的方式来解释并捍卫自己的敏感。

步骤：

1. 如果时间允许，协调者和其他成员可以先读一下第 9 页和第 182 页上的任务，来指导接下来的讨论。

2. 协调者请一位成员来描述一个场景，他希望能在这种场景中，向采访者、上司、同事或者其他相关人员更好地解释自己的敏感或者为自己的敏感特质辩解。不过也可以讲一个自己经历过但是希望能处理得更好的场景。

3. 其他成员可以给出建议。

4. 5 分钟后换下一位成员来说——一次说完三个场景。

5. 如果没有人愿意说，那就大致聊聊这个话题，或者聊聊为什么这对大家来说不是问题，或者为什么没人愿意讨论这个话题。

日志记录时间（7 分钟）

依然保持安静。写写你在这期讨论后有何感受或想法。

_____

_____

_____

_____

_____

_____

_____

_____

_____

_____

_____

结束（3分钟）

感谢这期协调者、计时者以及提供场地的招待者，抽出下期讨论会的协调者和计时者的名字。互道再见，按时结束（就算会减少日志记录时间也要按时结束）。

第三期讨论会——健康、身体、平衡的生活以及应对敏感

这对高度敏感者来说也是很重要的一个话题。因为你的生活完全依赖于你的身体健康状况。身体是支柱，让你思维清晰、情绪完整，还让你身边的人感到开心。高度敏感者不能像世界上其他80%的人（即非高度敏感者）那样利用自己的身体，也不要认为自己可以那样利用它。要表现得像非高度敏感者，你会有巨大的压力。本期讨论会中你的目标就是找出一种与之前不同的、更

温和的方式来支撑你有趣而敏感的身体。

按时开始。等人到齐后再说有关"内政"的事。

日志分享（10 分钟）

分享自己应对过度兴奋的方法（30 分钟）

目的： 从别人身上学习支撑自己的新方法——先说出每个人的问题所在，然后大家逐一说出自己能想到的最好的解决方法。

步骤：

1. 协调者用 10 分钟的时间让大家说说自己在避免和控制过度兴奋，以及从过度兴奋中恢复所面对的具体困难。其他成员在说的时候，协调者就在白板或者大的便签纸上写下这些困难，每个困难下面留一页空白。成员中可能有年轻的妈妈，她想知道在与孩子相处时如何处理自己的敏感。协调者就可以写下"与孩子相处"。可能有生意人，在出差时很难入睡，那就写下"出差时的睡眠问题"。也可能有职业女性，总是很难让自己在工作中解脱出来，那协调者可以写"让自己休假"。（用时 10 分钟，或者直到列出八个左右的具体困难。）

2. 重新回到这几个困难，其他成员可以说说自己是如何应对这些问题的。协调者在每个困难下面的空白处写下解决方案。（用时 20 分钟）

决心改变（5 分钟）

目的： 用这 5 分钟的时间来决定，你准备如何改变自己的生活或者从困难中成长。

方法： 安静下来各自认真思考，然后写下自己想怎么改变——比如你接下来想用哪个方案来解决你的困难：对要求说"不"；找时间冥想或者锻炼；给自己留出独处时间；思考工作选择；在跟难相处的人打交道时更好地设立界限。

_____

_____

_____

_____

_____

"内政"问题（10分钟）

中场休息（_15分钟_）

下半场（_50分钟_）
互帮互助，更好地自我护理（37分钟）

目的： 互相帮助，试着让自己与敏感更和谐相处。两人一组。

步骤：

1. 分成两人一组。协调者把所有人的名字放在袋子里，然后每次抽取两人来组一组。（如果组员人数是奇数，那可以有一个组是三个人。）每个小组各自找个地方，稍微与其他组分离开来。（用时5分钟）

2. 分好组后，两人分角色，一个支持者，一个倾诉者。倾诉者用10分钟的时间来陈述想如何更好地照顾自己的身体，或者在自我照顾方面想要增加什么其他的方式，并说说为什么直到现在仍不能很好地照顾自己，以及怎么做可能对自己有帮助。支持者大部分时间是倾听，但是可以做出更进一步的建议，将倾诉者定的目标合理规划，或者制定一个支持计划，让倾诉者一点点改变（不过不要把自己的方法强加在对方身上）。（每人10分钟。）

3.角色互换。（每人10分钟，如果是三人组的话，每人7分钟。）

4. 回到大组，每人用一分钟左右的时间说说自己在刚才的10分钟里有何收获或者改变。剩下的时间大家可以说说有关这话题的其他事情，也可以讨论小组内发生的事情。（用时12分钟）

日志记录时间（10分钟）

_____

_____

_____

_____

_____

_____

_____

_____

_____

_____

_____

_____

_____

结束（3分钟）

感谢这期协调者、计时者以及提供场地的招待者，抽出下期讨论会的协调者和计时者的名字。互道再见，按时结束（就算会减少日志记录时间也要按时结束）。

第四期讨论会——亲密关系

这一期的目的是让大家一起探索敏感特质对亲密关系的影响。就算是最内向的高度敏感者，其身体健康和幸福状况也会受到亲密关系的影响，此外，亲密关系还会造成高度敏感者的痛苦和自卑。至少高度敏感者经历过的一些受伤的关系可以追溯到童年时期受到的伤害，不过这是我们下期讨论的主题。这一期我们集中讨论成人关系，让大家有机会问别人问题，也分享自己从别人身上学到的东西。

本期讨论的主要内容是通过讨论在讨论组内开心和不开心的事情，消除小组内产生的误会。不过你们可以把这次讨论看作是让大家更亲密的练习，而不是讨论自己在其他地方是怎么与人相处的。

上半场（*55分钟*）

按时开始。稍后等人到齐后再说有关"内政"的事。

日志分享（10分钟）

消除误会（35分钟）

目的：讨论小组中出现的各种问题，寻找能让你们彼此相处更愉快的方式。这是了解小组进程以及自己对他人和对小组印象如何的最重要的活动之一。

步骤：

1. 花 5 分钟时间，写出加入小组后发生的让你收益极大，或者对你毫无帮助，甚至感到不适的事情。写的时候要记得写上自己的名字，而且这些内容稍后会被读出来。

你想知道为什么要写下来，而不是公开讨论吗？因为我发现大家就算知道自己写的内容会被读出来，以书面形式坦诚相待还是比较容易的。同时，写的时候更容易把注意力集中在对事情的意见上。

你可以写写对整个小组的意见——比如你喜欢第二期讨论会上大家针对工作问题提出的解决办法，或者觉得自己在上期讨论会的最后阶段被忽略了。你也可以就某个人对你或者其他人说过或做过的事写下评价。典型的意见或评论有，"林恩，上期讨论应对方式时，你让我们围绕主题不偏题的方法我真的很喜欢"，或者，"皮特，上期你批评杰克时的样子让我很不舒服"。

2. 写完之后记得写上自己的名字，并把纸条放到纸盒里。

3. 协调者读出纸盒中所有纸条上的内容（包括自己写的）。（用时 5 分钟）

4. 接下来的时间就逐条讨论（用时 25 分钟）。享受大家对小组的褒奖和小组取得的成绩；试着消除大家对小组的不满，并抚平其受到的伤害。对于后者，要学会道歉而不是辩解。不过不需要为自己的感受道歉。我们很可能会对别人的所思所想有误解，也常常猜错别人的感受或者行动原因。

"内政"问题（10分钟）

中场休息（*15分钟*）

下半场（*50分钟*）

与其他高度敏感者讨论亲密关系（37分钟）

用10分钟来决定所要讨论的话题；每个话题讨论9分钟。

目的： 就高度敏感的特质对自己亲密关系的影响跟大家分享自己的经历。

步骤：

1. 协调者用5分钟的时间让大家提出高度敏感特质对亲密关系带来的各种影响——他们愿意听高度敏感者分享任何事情。大家提出自己的问题后，由协调者记录下来让大家都能看到。下面是我听到的一些问题：

- 你们在一段亲密关系中有足够的时间独处吗？
- 你们如何认识其他高度敏感者？
- 你是如何接受自己不打算再婚的想法的？
- 我们与高度敏感者相处更好，还是与非高度敏感者相处更好？

2. 协调者在听完所有问题后让大家投票选出自己最想讨论的问题。每位成员有两票，可以把这两票分别投给不同的问题，也可以两票投给同一个问题。得票最多的三个问题就是接下来要讨论的问题。（投票时间大约为5分钟。）

3. 计时者将剩余的时间（大约为27分钟）等分，每个问题讨论约 9 分钟。也可以稍微多倾斜一点时间给得票最多的问题，因为这个问题可能是大家最感兴趣的。接下来是小组讨论时间。

日志记录时间（10 分钟）。

_____

_____

_____

_____

_____

_____

_____

_____

_____

_____

_____

_____

_____

_____

_____

结束（3 分钟）

感谢这期协调者、计时者以及提供场地的招待者，抽出下期讨论会的协调者和计时者的名字。互道再见，按时结束（就算会减少日志记录时间也要按时结束）。

第五期讨论会——重塑童年，重新定义小时候敏感的自己

本期讨论的目的是让你有机会分享自己敏感的童年时期发生的故事。在一场二~四个小时的讨论会上，虽然不会让自己的思维有太大的变化，甚至讲不完几个故事，但我还是发现，哪怕对这个话题只是进行少许的讨论，人们从讨论这个话题中得到的收获都是惊人的。然而这个话题对我们大部分人来说，是很私人而且脆弱的领域，所以我到讨论会的后期才提出这个话题。要尊重小时候那个敏感的自己，并带着无条件的爱来讨论这个话题。

上半场（55分钟）

日志分享（10分钟）

重塑童年经历（35分钟）

目的： 选择一个因为了解了自己的敏感而有新理解的经历，讲给大家听。此时其他人就可以充当智囊团，分析这一经历的真实状况。

步骤：

1. 取一张便签纸，在其中一面写上"1"，然后用5分钟的时间写一个小时候的经历，那次经历伤害了你的自信，让你觉得自己有缺陷、有负罪感，而现在你知道那都是因为你的敏感。写的时候要简短而逻辑清晰，因为其他人会把你写的内容读出来。不

要署名，也不要写任何你不希望被读出来的内容。

2. 在便签纸的另一面写上"2"，也花 5 分钟时间写下在了解了敏感特质后，你是如何看待那件事的。（这其实就是第 17 页上"重塑过去"的简单版。）

1. 在我六岁生日那天，父母给我准备了一个惊喜派对，并送给我一个小丑玩偶。这个小丑的胳膊上有个弹簧，手腕处挂着一个沙袋。打开的时候它的胳膊打在我肚子上，并且喊着"生日男孩在这里"。二十个孩子蜂拥而至，都想要看看我的玩偶。我跑进卧室锁上了门。父母在外面敲门请求我出来。然后父亲说我自私、不知感恩，还懦弱，还说不知道我怎么会是他的儿子。

2. 我现在知道自己那时只是因为各种刺激而不知所措。我不是一个自私、不知感恩的人，也不懦弱。我的表现只是一个敏感孩子的正常行为。我希望我的父母那时能了解我的敏感特质，给我准备一个更安静的庆祝仪式。

人们在做这项工作时遇到困难是很正常的。想这件事的时候，你可能会变得情绪淡漠、无法集中精神，也可能焦虑不安。所以写的时候记下自己的反应，但是也不要强迫自己参加这个活动。不想参加的话就靠在椅背上放松地呼吸，这并不影响你参加下半场的活动。

3. 再提醒一次，不要署名。把你的纸条放进纸盒中。（到这里为止，一共用时 10 分钟。）

我们为什么要采用这种把自己的反应写在纸上放进纸盒里，然后再抽出来读的迂回方法呢（其实大部分人都能猜出谁写了什么）？第一，让别人来读，就有点像是别人的事情。第二，小组想给每位成员同情的回应，但是时间不允许。第三，即便有时间，你们也会很快进入更深层次的问题，而小组尚未准备好。

　　4. 所有人都把纸条放进纸盒中后，协调者就让大家依次传递盒子，每人从中拿出一张纸条。如果你抽到了自己的纸条，放回去重新抽，除非就剩最后一张，但是也要假装这不是你自己的。

　　5. 通读纸条内容，以便等会可以流利地朗读。（人们会利用模糊的字迹来自我防御，这很聪明。）

　　6. 组员依次朗读自己抽到的纸条。大家保持安静，沉浸在听到的内容里，然后可能会想提出有关重塑这件事的意见。

　　在上面给出的例子中，假设纸条的另一面不是我写的内容，而是由其他成员写的——"我才意识到，我父母已经尽力做到最好"（这是一个评论）；或者"我希望我当时遵从他们的意思出了房间"。这位成员或许更需要以我刚才的方式来得到大家的帮助。

　　（步骤 4 ~ 6 用时大约 25 分钟。）

"内政"问题（10 分钟）

中场休息（*15 分钟*）

下半场（*50 分钟*）

自由讨论时间（36 分钟）

用这部分时间讨论上半场任务中提到的童年经历，或者自己的感受，还可以继续讲讲自己想分享的过去。不过大家要注意的是，不要把时间都集中在某一位成员身上。我相信你们都可以做得很好。这次讨论仍然要以小组为中心。

朗读下一期讨论的准备工作（3分钟）

两者择其一

1. 带来一些你做过的有创意的东西，或者欣赏别人做的有创意的东西。可能是一张照片、一幅画或者一首诗。你可以弹奏乐器、唱歌或跳舞；可以带来自己孩子的照片或者跟大家分享近期的休假；可以从自己的花园带来一束花；也可以打印出自己做的网站给大家看。当然，你深深感激的事情也可能是别人为你做的。关键在于赞美我们的敏感，以及对这世界细微的感知。

这不是任何意义上的竞争，这只是分享。

2. 计划分享一下你的精神经历、生活哲学，或者你经历过的生死或者失去。你可以聊聊这些经历，也可以跟大家分享一些能够代表你特点的东西或者创造性表达。

不管你准备跟大家分享什么，都要确保这次展示和讨论控制在3分钟以内。所以，这次没有时间朗读故事。于他人而言，在你分享重要事情的过程中，他们出言打断你是非常不礼貌的行为，所以自己控制好时间，别让计时者太难做。

日志记录时间（8分钟）

_____

_____

_____

_____

_____

_____

_____

_____

_____

_____

_____

_____

_____

结束（3分钟）

感谢这期协调者、计时者以及提供场地的招待者，抽出下期讨论会的协调者和计时者的名字。互道再见，按时结束（就算会减少日志记录时间也要按时结束）。

第六期讨论会——赞美我们的敏感，讨论小组结束

本期讨论会有两个目的——赞美我们富有创造性且能敏感察觉细微之处的一面，而且我们还可以与精神世界沟通；另外，以一种有意识的方式结束这六期的交流（就算讨论组会继续存在，这一步也不能省略）。这一主题非常重要，因为高度敏感者对于结束有着非常敏锐的感受，而且与那些否认这些问题存在的其他 80% 的人相比，高度敏感者通常会对失去和死亡有着更全面的感受。我们会更有意识地处理这个问题，即表达出自己的情感，包括在讨论会

期间通过不同的发泄方法和培养自己的天赋而产生的开心瞬间。

上半场（45分钟）

按时开始。稍后等人到齐后再说有关"内政"的事。

日志分享（10分钟）

消除误会（35分钟）

目的：在六期讨论会结束前彼此表达出自己想表达的情感。

这对讨论组来说是非常难的一步。开始时有多难，现在结束就有多难。你们中的大部分人会希望小组能继续存在，而这种希望可能会以某些形式实现。不过就算继续存在，小组也不再是之前的样子了。相信我，如果你们一个月后再来参加聚餐，那感觉就不一样了。所以，我们还是准备结束工作吧。

步骤：

1. 花5分钟的时间，写出加入小组后发生的让你收益极大，或者对你毫无帮助，甚至感到不适的事情。可以是讨论组成立后发生的任何事情，也可以是第四期"消除误会"之后的任何事情。你可以在大家面前讲述，也可以单独跟某个人说。写的时候要记得写上自己的名字，而且这些内容稍后会被读出来。

2. 写完之后把纸条放到纸盒里。

3. 协调者读出纸盒中所有纸条上的内容（包括自己写的）。（用时5分钟）

4. 接下来的时间就逐条讨论（用时25分钟）。享受大家对小组的褒奖和小组取得的成绩；试着消除大家对小组的不满，并抚平其受到的伤害。

"内政"问题（10 分钟）

中场休息（15 分钟）

下半场（60 分钟）
投票决定小组是否继续（20 分钟）

目的：以匿名的方式投票决定小组是否继续存在，匿名是为了保护那些投赞同票的人。

步骤：

1. 用 15 分钟的时间讨论你们想让小组如何继续——召开频率是每周一次还是每两周一次，讨论会的时间和地点，是用这本书中的任务来安排小组讨论的节奏，还是用成员想到的其他主题来讨论；是自由讨论那些让大家困扰的话题，还是聘请一位协调者来把控进程。如果你清楚地知道不管小组以何种形式继续自己都不打算再参加，那就不要管这次讨论的结果。

2. 如果小组继续存在，那么投票来表明你是否打算继续参加。这一投票必须是匿名的。（否则，如果只有一两人表示会继续参加，他们会觉得自己被拒绝。）把所有纸条折成相同的样子，以完全匿名的方式进行投票。你的投票会决定小组是否按照之前讨论的结果继续存在，且成员不变。（所以如果你觉得跟有些成员并不是特别契合，那你就会不赞同小组继续存在。当然，你也可能因其他原因投反对票。）

3. 如果对于小组类型、碰面时间和地点这些问题意见不统一，那就对各种条件下难以决定的问题进行多次投票（比如是每周一次自由讨论，还是每月一次做本书中的任务），不过这些都是在小组继续存在的条件下进行的。如果有一次投票是全体一致同意小组继续存在，那么小组将以原来的形式继续下去。

4. 协调者来核对投票。如果有一个反对票，那么他就不必再继续读其他的票，并将剩余的票都销毁。小组将会在本期讨论会后解散。小组成员还是可以互相联系，并以自己希望的方式继续见面。不过讨论组将在今天解散。

如果有人投反对票，请首先照顾到所有人的情感，在这里诚实并不是最重要的，所以不要讨论自己或他人投反对票的原因。要知道有人投反对票可能只是因为太忙，每周两个小时的时间也难以抽出；或者这名成员已经收获了自己需要的，现在想要把自己的时间放到其他事情上去。讨论组对你们所有人来说都是很好的，但是仍然有合理的解散原因。

赞美我们的敏感特质（30 分钟）

目的：近距离地感受彼此所拥有的美好特质，以另一种方式了解彼此。

步骤：

1. 成员依次分享自己带来的东西（见第五期结束前的准备工作）。计时者按人数将时间平均分配，即便参加者什么都没带，也要给予对方温柔的鼓励。

2. 每个人的时间分为两部分，一部分给分享者用来介绍自己想要分享的东西，另一部分时间则留给小组成员对分享的东西表达真诚且温暖的感受（就是让大家来说最美的真话）。所以每个人的时间都很短。

3. 我在小组中做这一活动时，会让大家自己决定谁想要第一个分享，谁想第二个。这有利于调动我们的感觉来创造一个整体的体验。

结尾（10分钟）

目的：让小组有仪式感地结束，而不是渐渐解散或者逃避这一感受。高度敏感者很容易逃避。

步骤：

1. 大家围成一圈，不要牵手，因为有人可能不希望牵手；而如果有人提出牵手又很难拒绝。不过如果你愿意，可以注视着彼此的眼睛。

2. 协调者让成员说说自己想说的——就是那些如果不说可能会觉得自己的感受不完整的话。每个人都要意识到这是最后一次讨论，至少到目前是。这是你此刻最后一次在小组内发言的机会了。

3. 然而并不是每个人都必须要说。不想说的人可以不说，想说的人可以在想到什么的时候再次发言。

4. 所有人都要注意时间——不要把计时的工作全都抛给计时者。你可以自己按时结束，或者基本不超时。这很重要。

日志记录时间这次就是你自己私下记录了，不过要在讨论会结束后尽快记下来。

_____

_____

_____

_____

_____

_____

_____

_____

_____

_____

_____

_____

_____

_____

我最后的话：讨论组并不是你想象的那么安静，对吗？它会超出部分人的期待，也会让部分人失望。你可能只是觉得"完成了"。你内心的感受很丰富。我希望你以后还能记起这些讨论会，因为这说明它们对你有用。祝好。

前言

为研究敏感这一特质而参考的资料可以在《天生敏感》一书最后的"作者补记"部分找到，也可以在接下来的部分按章节查询参考书目。

"Sensory –Processing Sensitivity and Its Relation to Introversion and Emotionality", by Elaine N.Aron and Arthur Aron, *Journal of Personality and Social Psychology*, 1997, Vol.73, No.2, 345–368。

第一章

想进一步感知自己的身体可阅读：

Eugene Gendlin, *Focusing*（Bantam Books, 1981）.

Betty Winkler Keane's *Sensing*（published by Harper and Row in 1979）.

第二章

想更多地了解好战扩张型文化可阅读：

Riane Eisler, *The Chalice and the Blade*（Harper San Francisco, 1995）.

有关"羞怯"儿童的经典研究书籍：

Jerome Kagan et al., *Galen's Prophecy*（Basic Books, 1994）.

讲述积极想象的书籍：

Robert Johnson, *Inner Work*（Harper San Francisco, 1989）.

有关你和内在声音对话方面的书籍：

Hal Stone and Sidra Winkelman, *Embracing Ourselves*（Nataraj, 1993）.

第三章

有关与难相处的人打交道的书：

Robert Bramson, *Coping with Difficult People*（Dell, 1981）.

Charles Keating, *Dealing with Difficult People*（Paulist Press, 1984）.

第四章

讲述你应该如何被抚养长大的一本书，很适合重塑自己：

Janet Poland, *The Sensitive Child*（St. Martin's Paperbacks, 1995）.

第五章

有关社交技能和羞怯的书：

Pamela Butler, *Self-Assertion for Women*（Harper San Francisco, 1992）.

Sharon Bower and Gordon Bower, *Asserting Yourself*（Perseus Press, 1991）.

Jonathan Cheek et al., *Conquering Shyness*（Dell, 1990）.

Phil Zimbardo, *Shyness: What It Is, What to Do About It*（Perseus Press, 1990）.

第六章

可以帮你找到合适职业的一些书：

Marsha Sinetar, *Do What You Love, the Money Will Follow*（Dell, 1987）.

Barbara Sher, *I Could Do Anything If I Only Knew What It Was*（Delacorte, 1994）.

第七章

一些讲述夫妻相处之道的书：

John Gottman, *Why Marriages Succeed or Fail...And How You Can Make Yours Last*（Simon and Schuster, 1995）.

Harville Hendrix, *Getting the Love You Want: A Guide for Couples*（HarperCollins, 1988）.

Claude Steiner, *Achieving Emotional Literacy*（Avon, 1997）.

第八章

在纽约、费城、多伦多、波士顿、芝加哥、达拉斯、圣达菲、西雅图、洛杉矶、旧金山和华盛顿都有荣格研究所。打给以上城市中的任意一个研究所，还能知道其他城市的跨区域组织。

如果你正挣扎在某种单一创伤中，这本书可以在寻找心理医生方面帮到你：

Edna Foa, *Treating the Trauma of Rape*（Guilford, 1998）.

第九章

这两本由医学博士写就的有关一些可替代性药物和常规药物
的书：

Ronald Hoffman, *Intelligent Medicine*（Simon and Schuster, 1997）.

Michael Norden, *Beyond Prozac*（HarperCollins, 1995）.

由医学博士编写的一些结合了替代疗法和常规疗法的书：

Edmund Bourne, *The Anxiety and Phobia Workbook*（Five
Communication, 1997）.

有关 SSRIs 类抗抑郁药物的经典著作：

Peter Kramer, *Listening to Prozac*（Penguin, 1993）.

第十章

有关梦境解析的几本书：

Gayle Delaney, *Breakthrough Dreaming*（Bantam , 1991）.

Robert Johnson, *Inner Work*（Harper San Francisco, 1989）.

Carl G.Jung, *Dreams*（Princeton University Press, 1974）.

Kathleen Sullivan, *Recurring Dreams*（The Crossing Press, 1998）.

Edward Whitmont and Sylvia Perera, *Dreams: Portal to the Source*
（Routledge, 1989）.

有关制造仪式感的几本书：

Jeanne Achterberg, Barbara Dossey, and Leslie Kolmeier, *Rituals of*

Healing（Bantam, 1994）.

Sam Keen and Anne Valley-Fox, *Your Mythic Journey*（Tarcher, 1989）.

Malidoma Patrice Some, *Ritual: Power, Healing, and Community*（Swan/Raven, 1993）.

有关好好倾听内在声音的一本书：

Marsha Sinetar, *Ordinary People as Monks and Mystics*（Paulist Press, 1986）.

第十一章

有关集体心理治疗以及讨论组进程的一部经典作品：

Irving Yalom, *The Theory and Practice of Group Psychotherapy*, 4th edition（Basic Books, 1995）.

附录
Appendix

创伤后应激障碍、抑郁和精神抑郁的症状
〔依据《*精神疾病诊断与统计手册*》（第四版）（*The Diagnostic and Statistical Manual of Mental Disorders*，简称为 DSM-IV）编写〕

下面这部分内容不是要代替专业评估来评判你的状况，而是帮你确认自己是否需要专业评估。下面所列内容都是根据《精神疾病诊断与统计手册》第四版编写的。这本书由美国精神医学学会（American Psychiatric Association，简称为 APA）出版，用于疾病诊断。

I. 评估创伤后应激障碍

用这几项内容测试看看你是否处于"临床意义"的创伤后应激障碍。

1. 有一件让你感到强烈威胁或者恐惧的事情。这件事之后你在工作或者处理人际关系上的状态就一直不太好，也可能两者都处理得不好。它可能发生在最近，也可能发生在前阵子，但是你的精神到现在才有反应。不过你知道自己状态不好与这件事有关。基于这一前提，你可以继续进行下面的评估。

2. 这一创伤事件反复出现。看下面哪一项描述符合你的状况。

☐ 这件事总是反复干扰你，可能是出现某些画面、想法或者感觉，给你带来痛苦的回忆。

□ 你屡次做跟这件事有关的梦，很痛苦。

□ 有时你的行为和感受跟平时不太一样，就好像这个创伤事件再次出现，而你又一次经历了它。这可能是因为刚刚醒来或者喝醉后的幻象或者错觉，也可能是闪回片段。

□ 当看到一些象征着这一创伤事件的某些东西时，你的内心世界和外在生活都非常痛苦。

□ 面对上一条提到的那些暗示性东西，你还会有身体上的压力。

3. 下一个问题是：你是否会逃避跟创伤事件有关的东西，或者觉得生活乏味，而在创伤事件发生前你并没有这种感受。看下面哪一项描述符合你的状况。

□ 你试图逃避与这件事有关的想法、感受，也拒绝谈论这件事。

□ 你试图避开那些会让你想起这件事的活动、地点或者人。

□ 你想不起与这件事有关的重要画面。

□ 创伤事件发生前本来对你很重要的事情，你现在却明显感到兴致索然。

□ 自从创伤事件发生后你觉得自己很冷漠，对旁人也很疏远。

□ 你整个人看上去情感变淡了——爱、喜悦、生气、恐惧等都比以前淡了。

□ 你对自己的未来并不看好，或者不期望有正常的寿命。

4. 下一个问题是：你逐渐增加的兴奋状态，而这在创伤事件发生前是没有的（这样你就能明白为什么高度敏感者可能会有更多这种状态，会更容易过度兴奋。）看下面哪一条描述符合你的状况。

□ 难以入睡，即便入睡，时间也很短。

□ 易怒。

☐ 精神难以集中。

☐ 过度警觉——即变得非常紧张，自找麻烦。

☐ 夸张的惊吓反应。

如果第一个问题你回答了"是"，第二个问题有一条符合你的状况，第三个问题下至少符合三项，第四个问题至少符合两项，并且这些症状已经出现至少一个月（如果这些症状出现的时间不足一个月，那你可能会被诊断为"急性应激障碍"），那么你可能是有创伤后应激障碍。

这是一个非常保守的诊断方法。符合的项目少不代表你没有受到创伤的影响。如果你心有疑惑，那么请寻求专业帮助。

II. 评估抑郁的程度

看下面有几项描述符合你的状况。

☐ 你每天的大部分时间都觉得抑郁（悲伤、空虚、绝望）或者很容易哭，在别人看来也很容易悲伤。

☐ 你每天的大部分时间都对所有事情或者几乎所有事情兴致索然，也找不到乐趣。

☐ 你的体重毫无缘由地激增或暴减（一个月内体重变化超过自身体重的 5%），或者吃东西没有胃口或是胃口大增。

☐ 你睡不着（午夜或清晨总是醒来）或者睡太多。

☐ 你做事的速度或者慢或者快，到了引人注目的程度。

☐ 你觉得疲惫或者缺乏精力。

☐ 如果别人听到你的想法，你会觉得毫无价值或者很有负罪感，而不是觉得自己的话对别人有意义。

□ 你无法思考、集中精力或者做决定。

□ 你想自杀（这个可以不是每天的状态）。

如果你符合五项以上，并且其中一项是前两项中的一个，而且这五项在两周内几乎每天都出现，让你跟以前比有了很大的变化，而这变化让你觉得痛苦或者扰乱了你的生活，那么你可能会被诊断为重度抑郁。这意味着你需要自己振作，也需要他人的帮助。

如果你的状态不符合上面所有的标准，但是符合了一部分，那你仍然需要确定自己的问题并着手解决，尤其如果你有自杀的想法或者非常符合上述其中一项描述，那就更要注意。

III. 评估精神抑郁

心理学上还有一种症状叫"精神抑郁"，据研究，长期的轻微抑郁对你的身体、大脑和身边的人带来的危害，与短期的重度抑郁相同。看下面的描述是否符合你的症状。

□ 一天中的大部分时间都抑郁，抑郁的天数多过不抑郁的天数，而且抑郁时间超过两年。两年里，这种情绪和下面所描述的症状不出现的时间不足两个月。

如果你符合以上描述，那处于抑郁情绪中时，你符合下列哪项描述：

□ 胃口不佳或食欲旺盛。

□ 失眠或者睡眠过多。

□ 精力不足或感到疲惫。

□ 自卑。

□ 精力难以集中，或者优柔寡断。

□ 感到绝望。

如果你符合第一项描述，并且在接下来的几项中符合两项以上，而且这让你觉得痛苦，损害了你的正常生活，那你可能会被诊断为"精神抑郁"。这与抑郁和创伤后应激障碍一样，需要专业治疗。